추천사

인간의 언어 학습은 그 자체로 경이롭다. 20대까지 배운 2~4만 개의 단어를 조합해 수백만 개의 문장을 만들어내며 우리는 평생 표현하고 소통한다. 그러다 보니 언어에 대해 궁금한 것도 많다. 우리말을 유려하게 구사하려면 어떻게 해야 할까? 영어 교육은 언제부터 어떻게 시작해야 할까? 여러 언어들을 완벽하게 구사하려면 어떻게 해야 할까?

이 책은 지금까지 출간된 '언어 습득의 뇌과학'에 관한 가장 훌륭한 책이다. 언어를 학습하는 동안 뇌에서 어떤 일들이 벌어지는지, 특히 이중언어를 사용하는 사람들의 뇌에선 무슨 일이 일어나고 있는지, 가장 친절하게 설명해주는 과학서다. 어떻게 여러 언어 중추들이 서로 충돌하지 않으면서 훌륭하게 학습이 이루어지는지 우리는 이 책을 통해 배우게 된다.

이 책은 다음 세대를 위한 언어 교육을 시작하기 전에 세상의 모든 부모와 선생님들이 반드시 읽어야 할 지침서가 아닐까 싶다. 언어는 시험이 아니라 결국 사회적 소통을 통해 배워야 하며, 아름다운 언어 구사의 노하우는 먼 곳에 있지 않다는 것을 모두가 배웠으면 한다. 언어의 세계가 곧 인식의 세계 그 자체다.

-정재승, 뇌과학자·카이스트 교수·『열두 발자국』, 『과학콘서트』 저자

『언어의 뇌과학』을 읽고 있으면, 인간은 마치 언어를 하기 위해 태어난 존재처럼 보인다. 태어난 지 얼마 되지 않은 아기들이 성인의 말에서 단어를 구분해내는 동안 인지 기능을 잃어가는 알츠하이머 환자들은 언어를 함께 잃어간다. 이중언어자들의 뇌가 어떻게 작동하는지 살펴보고 있자면 뇌는 언어를 변주하는 하나의 거대한 오케스트라처럼 보이기도 한다.

이중언어 사용자들이 점점 늘어나는 상황에서 이중언어에 대한 연구는 한편으로는 인간의 가능성에 대한 연구일 것이고, 다른 한편으로는 언어의 가능성에 대한 연구일 것이다. 지구상의 모두가 연결되어가는 시대, 우리는 서로 다른 언어들 사이에서 소통을 해낼 수 있을까. 이중언어자가 그 힌트가 될까. 섣부른 추측이 아닌 단단한 과학으로 만나는 이야기가 미덥다.

-김겨울, 작가·유튜브 〈겨울서점〉 운영자

언어의 뇌과학

이중언어자의 뇌로 보는 언어의 비밀

언어의 뇌과학

이중언어자의 뇌로 보는 언어의 비밀

1판 1쇄 발행 2020년 8월 14일
1판 8쇄 발행 2024년 5월 1일

지은이 알베르트 코스타
옮긴이 김유경
발행인 박명곤 **CEO** 박지성 **CFO** 김영은
기획편집1팀 채대광, 김준원, 이승미, 이상지
기획편집2팀 박일귀, 이은빈, 강민형, 이지은, 박고은
디자인팀 구경표, 구혜민, 임지선
마케팅팀 임우열, 김은지, 전상미, 이호, 최고은

펴낸곳 (주)현대지성
출판등록 제406-2014-000124호
전화 070-7791-2136 **팩스** 0303-3444-2136
주소 서울시 강서구 마곡중앙6로 40, 장흥빌딩 10층
홈페이지 www.hdjisung.com **이메일** support@hdjisung.com
제작처 영신사

"Curious and Creative people make Inspiring Contents"
현대지성은 여러분의 의견 하나하나를 소중히 받고 있습니다.
원고 투고, 오탈자 제보, 제휴 제안은 support@hdjisung.com으로 보내 주세요.

| 이중언어자의 뇌로 보는 언어의 비밀 |

언어의 뇌과학

알베르트 코스타 지음 | 김유경 옮김

현대
지성

| 목차 |

• 일러두기

- 따로 표시하지 않은 각주는 모두 지은이가 쓴 것입니다.
- 책 후반 참고 문헌의 경우, 원서에서 스페인어로 기재되었더라도 한국어 또는 영어판이 있을 경우에는 해당 판본으로 기재하였습니다.

프롤로그

'토킹 헤즈, 토킹 헤즈, 토킹 헤즈!'

1980년 뉴욕 센트럴파크에 모인 사람들은 밴드의 이름을 외치며 그들의 등장을 손꼽아 기다렸다. 음악 평론가들에 따르면, 그룹 "토킹 헤즈"(Talking Heads)는 1970년대 중반에 나타난 뉴욕의 포스트 펑크(Postpunk: 펑크록 정신을 계승하면서 그것을 넘어서려는 시도를 하는 음악적 흐름-옮긴이) 밴드다.

그들의 음악을 좋아하든 그렇지 않든, 우리에게도 이미 '토킹 헤드'(talking head)가 있다. 인간을 "'토킹 헤드'(말하는 머리)를 가진 동물"로 정의할 수도 있다. 그렇지 않다 해도 우리는 모두 언어에 관심이 있다. 첫마디를 하는 아이를 지켜보는 부모에서부터 뇌 손상으로 의사소통에 문제가 있는 사람까지 모두 뇌의 언어 처리와 습득 과정에 관해 궁금해 한다.

“어떻게 하나의 뇌에 두 언어가 공존할 수 있을까?” 이 책에는 우리가 자주 궁금해하는 이 질문에 대한 답이 들어 있다. 뇌의 언어적 기능을 알고 싶다면 이중언어 현상을 꼭 살펴봐야 한다. 그 연구를 통해 언어가 주의력, 학습, 감정, 의사 결정 등을 포함한 다른 인지 영역들과 어떻게 상호 작용하는지를 알 수 있다. 이런 점에서 이중언어 사용은 인간 인지(human cognition) 연구에서 창문 역할을 한다.

이 책을 한 장씩 넘기다 보면 답변보다 질문을 더 많이 만날 것이다. 관련 연구에 관해 호기심도 많이 생길 것이다. 어떤 질문에는 분명한 답을 할 수 있지만, 아직 확실한 결론이 나지 않아 그럴 수 없는 질문도 있음을 양해해주길 바란다.

특히 이 여행에서는 다양한 주제의 과학적 연구 결과들을 소개할 예정이다. 과연 두 언어에 노출된 아기들은 두 언어를 어떻게 구분할까? 이중언어와 단일언어를 사용하는 아기들의 언어 학습 과정은 어떤 점이 다를까? 이중언어자가 두 언어를 계속하게 해주는 뇌 영역은 어디일까? 이중언어 사용은 다른 인지 능력 발달에 어떤 영향을 줄까? 뇌 손상을 입으면 두 언어가 어떻게 손상될까? 제2언어(외국어) 사용은 의사 결정에 어떤 영향을 끼칠까? 이런 질문들이 조금은 추상적으로 들릴 수 있으니 친숙한 예를 먼저 생각해보자.

알렉스는 미국 보스턴의 이중언어를 사용하는 가정에서 태어났다. 어머니는 영어를, 아버지는 스페인어를 사용한다. 부모는 각자의 언어를 그대로 사용하기로 했는데, 이렇게 하면 아들의 언어 발달에 부정적인 영향을 주지는 않을지 고심했다. 아들의 언어 인지 과정이 단일언어 사용 환경에서 자란 아이들과 다를 거라고 생각한 것이다. 그러나 주변에 이민자 가정이 많았기 때문에 아들처럼 두 언어에 노출된 아이가 특별한 케이스는 아니었다. 알렉스는 부모가 사용하는 두 언어의 소리와 단어를 구분하는 법, 즉 두 가지 다른 음운 및 어휘 체계를 발달시키기 위해 두 언어를 구분하는 법부터 배워야 한다. 아이는 어떻게 이런 차이를 구별할 수 있을까? 이중언어 환경으로 언어 형성 체계에 문제가 생기는 건 아닐까?

이런 우려와 달리 우리는 알렉스가 큰 어려움 없이 두 언어를 동시에 학습하게 되는 과정과 이와 관련된 과학적 정보를 살펴볼 것이다. 또, 태어난 지 '몇 달 안 된' 아기들을 대상으로 한 연구들도 살필 예정이다. 다시 말하지만 '한 달도' 채 안 된 아기들이 연구 대상인 경우도 있다. 언어 발달 연구에 전념하고 있는 학자들도 대단하다. 현재 알렉스는 14살이고 스페인어와 카탈루냐어, 그리고 영어까지 3개 국어를 완벽하게 한다. 그의 입에서 이 세 언어가 끊이지 않는 걸 보면 확실히 알 수 있다. 그렇다. 눈치 챘겠지만 알렉스는 내 아들이다.

반대 사례도 있다. 라우라는 3년 전에 알츠하이머 진단을 받았고, 지금은 초기 단계다. 바르셀로나에 혼자 살고 있고, 스스로 건강관리를 잘한다. 그녀는 최근까지 거의 80년 동안 카탈루냐어를 주로 사용했다. 그러나 딸 마리아와 이야기할 때는 꼭 모국어인 스페인어를 사용한다. 마리아는 어머니가 대화하는 데 어려움이 있다는 사실을 눈치 채긴 했지만, 그다지 심각하게 여기지는 않았다. 오히려 주변 사람들이 어머니에 대해 궁금해하며 여러 질문을 던졌다. "어머니의 병세는 언제 심해지고, 인지 능력 저하는 언제 일어났나요? 앞으로는 무슨 언어로 말씀하실까요? 대화하면서 어려움 없이 두 언어를 구분하실 수 있을까요?"

이 질문을 살피다 보면 마리아에게 답해줄 말이 생각나기도 하고, 뇌에서 두 언어가 어떻게 나타나는지도 알 수 있을 것이다. 무엇보다도 재활요법 결정에 큰 도움이 될 것이다.

이 두 가지 예는 책에 나온 수많은 사례 중 일부에 불과하다. 이 이야기들은 이중언어 사용과 학습 과정에서 생기는 문제를 이해하는 데 도움을 줄 것이다.

여기서 '이중언어 사용'(bilingualism)이라는 용어를 짚고 넘어가자. 사람마다 제2언어를 만나는 경험이 매우 다양하므로 한마디로 정의하기는 쉽지 않다. 범위를 너무 넓게 잡으면 연구에 별 도움이 안 되고, 너무 엄격하게 잡으면 수많은 이중언어자의 사례가 제외될 수도 있다.

예를 들어, 이중언어자를 단순히 두 언어를 비슷하게 잘하는 사람이라고 한다면, 둘 중에 하나를 특히 더 잘하지만 둘 다 어려움 없이 자주 사용하는 사람은 거기서 제외된다. 또, 학습 연령을 정의에서 결정적 요인으로 본다면, 이중언어자는 요람에서부터 이중언어를 듣고 경험한 사람이어야 하고, 그 이후에 배워서 두 언어를 사용할 줄 아는 사람은 그 기준에서 제외된다. 언어 사용 역량에서 균형이 맞지 않을 때도 있다. 가령, 두 번째로 배운 언어의 어휘는 풍부하고 유창한데, 외국인 억양은 그대로 남아 있는 경우다. 20세기 유명한 소설가인 조지프 콘래드가 그랬다. 그는 여러 중요한 작품을 영어로 썼지만, 원래는 폴란드 출신이고 상대적으로 영어를 폴란드어(모국어)보다 늦게 배웠다. 따라서 글 쓰는 데는 능숙했지만, 말할 때는 강한 폴란드 억양이 고스란히 드러났다. 그렇다고 그를 이중언어자 집단에서 제외한다면 한마디로 웃기는 일이다. 물론, 조지프 콘래드 사례가 그렇게 특별한 건 아니다. 더 최근 사례를 찾자면, 미 국무장관 헨리 키신저(유대계 독일 이민자 출신이다-옮긴이)나 캘리포니아주 주지사였던 아놀드 슈왈제네거(오스트리아 이민자 출신-옮긴이)가 떠오른다.

이런 식으로 찾다 보면 이중언어자를 사례별로 나누고, 집단마다 각기 다른 이름을 붙여줘야 한다. 집단 수가 많아질 게 뻔하기 때문에 연구에 큰 도움이 되진 않는다. 따라서 집단을 너무 많이 나누지는 말고, 다양한 변수(사용, 습득 나이, 숙련도 등)를 관점에 따라 다양하게 다루는 것이 더 낫다. 물론, 과학적 연구를 할 때는 상대적으로 주체의 표본이 같아야 좋다. 따라서 이후에는 다양한 이중언어 사용 유형을 다룰 것이다. 다양한 집단 속에서 눈에 띄는 특징이 있으면 특별히 구분하겠지만, 우선은 이 모두를 다 이중언어자라고 부르겠다.

이 책은 크게 다섯 부분으로 나뉜다. 제1장에서는 어린아이가 두 언어를 동시에 학습하는 과정에서 겪는 어려움을 살핀다. 여기에서는 "아기들에게 아는 언어와 모르는 언어 질문하기"와 관련된 연구에서 사용한 다양한 기술을 중심으로 살펴볼 것이다. 갓 태어난 아기는 우리가 해석할 수 있을 만한 결과들을 내놓기가 쉽지 않다. 과학자들이 이 자그마한 뇌에서 의미 있는 정보를 얻으려고 얼마나 머리를 굴리는지 흥미 있게 지켜보길 바란다.

제2장에서는 성인 이중언어자의 뇌에서 두 언어가 어떻게 나타나는지를 다룬다. 특히, 인지 신경과학과 신경심리학을 바탕으로 한 연구를 살핀다. 예를 들어, 두 언어의 표상(representation: 주로 지식이 저장된 형태나 양식-옮긴이)과 통제에 관여하는 뇌 영역은 무엇이며, 뇌 손상은 이 둘에 어떤 영향을 주는지를 살필 것이다.

제3장에서는 일반적인 언어 처리 과정에서 이중언어 학습 및 사용 결과를 분석할 것이다. 여기에서는 특히 단일언어자와 비교해서 이중언어 사용 경험이 뇌를 어떤 모양으로 다듬는지 볼 것이다. 또한, 이중언어 사용이 언어 처리 과정에 어느 정도 긍정적 또는 부정적 영향을 끼치는지를 살펴본다. 그리고 이중언어자 한 명이 단일언어자 2명을 합친 것과 같을 수 없다는 점도 볼 것이다.

제4장에서는 이중언어 사용이 다른 인지 능력, 특히 주의 체계(attentional system) 발달에 끼치는 영향을 중점적으로 볼 것이다. 예를 들어, 두 언어의 지속적인 사용은 정신 운동(mental gymnastics)에 해당되기 때문에, 주의 체계의 효과를 높이고 뇌 손상을 막는 데 도움이 된다. 현재까지 모은 증거들을 토대로 이것이 어느 정도까지 사실인지 분석할 것이다. 또한, 생후 7개월 아기부터 80세 노인까지 다양한 연령층을 대상으로 연구한 결과들도 확인할 것이다. 그리고 이중언어 사용이 치매나 파킨슨병과 같은 신경퇴행성 질환에서 인지 예비용량(Cognitive Reserve)을 높일 수 있다고 하는 최근 연구들도 잠깐 살펴보겠다.

마지막 제5장에서는 제2언어(외국어) 사용이 의사 결정 과정에 끼치는 영향에 대해 알아본다. 제2언어를 사용했을 때 한쪽에 치우친 의사 결정을 하게 한다는 인식 과정을 어떻게 줄일 수 있는지 볼 수 있다. 이번 장에서 설명하는 연구 내용은 도덕적 의사 결정뿐만 아니라, 경제적 의사 결정도 포함한다. 많은 사람이 제2언어를 사용하는 협상 자리에 매일 참여한다는 것을 고려할 때(외국계 기업이나 유럽 의회), 이 연구는 사회적으로도 매우 중요하다.

서문을 마치기 전에 이 책에서 다루지 않는 두 가지도 나누고 싶다.

우선, 이 책은 제2언어를 배우는 방법을 설명한 책이 아니다. 따라서 학교에서 제2언어를 배우는 가장 효과적인 전략이나 방법에 대해서는 논의하지 않는다. 일부 연구에 관해서는 제2언어 학습 과정에 관한 분석이 아닌, 적절한 맥락에서 언급될 것이다.

두 번째, 이중언어 사용 현상과 관련된 사회, 정치적 의미와 세계 여러 나라의 교육 모델에 끼친 영향 등에 관해서는 언급하지 않는다. 한 공동체에 두 언어가 공존할 때 자주 거론되는 정체성과 관련된 논의(미국과 캐나다 또는 벨기에 사례들)는 여기에서 하지 않는다. 이런 주제에 관심 있다면 다른 책에서 호기심을 채우길 바란다.

하나의 뇌에 두 언어가 어떻게 공존하는지 알아보는 여행에 독자들을 초대한다. 연구를 자세히 소개하다 보면 중간에 가던 길을 잠깐 멈춰야 할 수도 있지만, 대체로 즐겁고 유익하며 방햇거리가 별로 없는 여행이 될 것이다. "들은 것은 잊어버리고, 본 것은 기억하고, 직접 해본 것은 이해한다"라고 말한 공자의 말을 가슴에 새기고 이 여행을 함께 떠나보자.

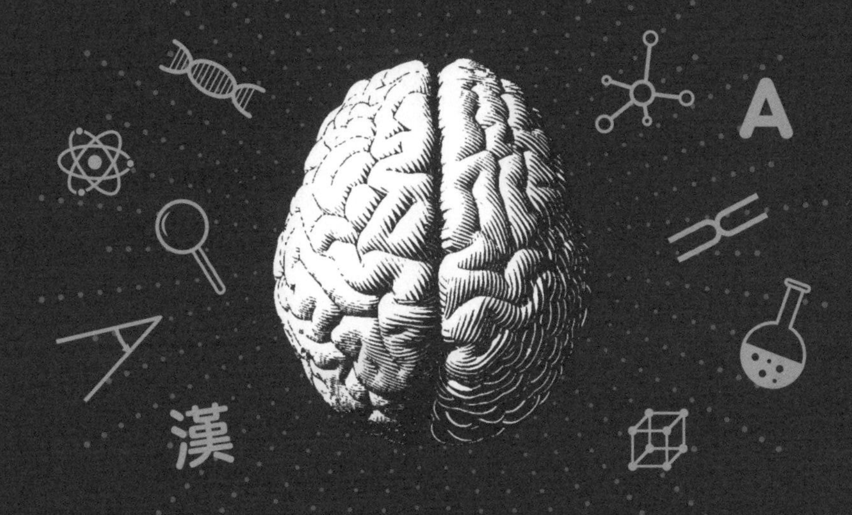

두 언어 환경에서 살아가는 아이들

영화 《대부》를 보면 비토 안도리니(Vito Andolini, 로버트 드니로 분)가 20세기 초 미국으로 건너왔을 당시를 이야기하는 장면이 나온다. 12살 소년 비토는 고향인 시칠리아섬, 코를레오네 마을에서 혼자 도망쳤다. 배를 타고 뉴욕으로 온 비토는 이름을 비토 코를레오네(Vito Corleone)로 바꾼다. 그렇게 미국에서 코를레오네 가문이 시작된다(영화를 아직 보지 못한 독자를 위해 내용은 여기까지만 소개한다). 내가 말한 비토 안도리니의 이야기는 지난 세기 많은 사람이 미국에 처음 발을 들여놓을 때의 경험과 비슷하다.

19세기 말에서 20세기 초 25년까지 비토뿐만 아니라, 약 1,200만 명의 사람이 엘리스섬으로 알려진 맨해튼 근처 작은 섬에서 입국 심사 관리국의 심사를 받았다. 더 나은 미래를 위해 미대륙으로 건너온 이민자들은 주로 유럽 국가 출신이었다. 이 섬에 도착하면 가장 먼저 할 일이 설문지에 응답하는 것이었다. 출신 국가와 경제 수준, 건강 상태 등이 질문으로 적혀 있었다. 운이 좋은 사람은 이 섬에서 '단지' 5시간 정도만 머물다가 미국으로 들어갔다. 운이 나쁘면 이 고립된 섬에서 훨씬 더 많은 시간을 보내거나(천연두로 격리 수용된 방에 있던 비토처럼), 본국으로 추방당했다.

따라서 이곳에서 어떤 통역관을 만나는가가 중요했다. 새로 온 이민자가 입국 서류를 작성하고 이민국 직원과 소통하도록 돕는 역할을 했기 때문이다. 엘리스섬에는 그야말로 현대판 바벨탑처럼 이탈리아인부터 이디시어와 아랍어를 사용하는 아르메니아인까지 서로 다른 말을 하는 수많은 사람이 모여 있었기 때문에 통역관이 꼭 필요했고, 그들의 역할은 무척 중요했다.

당시 이민의 바람은 매우 거셌다. 오늘날 기준으로 약 1억 명의 미국인이 당시 이 섬을 통과한 이민자들의 후손이다. 내 아들 알렉스의 증조부와 증조모 역시 이곳을 통과해 미국에 들어왔다. 그리고 수많은 사람이 번영을 누렸고, 덕분에 후대까지 그 가문은 이어지고 있다. 본국을 멀리 떠나 전혀 모르는 낯선 곳에 정착해 새로운 삶을 일군다는 것이 어떤 일인지 감히 상상하기 어렵다. 추측하건대 경제적 이유 또는 정치적 박해라는 어려움을 겪지 않고는 이렇게 멀리 오기 힘들었을 것이다. 또한 그들은 이곳에서 새로운 언어를 배워야 하는 난관에 부딪혔으리라는 사실도 충분히 짐작할 수 있다.

6개월 된 아기 이중언어자가 만나는 도전

그렇다면 언어를 배운다는 것은 무슨 의미일까? 단순히 단어와 문법을 외우는 데 그치지 않고, 해당 소리(즉, 음운론적 특징들, phonological properties)와 의사소통 시 맥락에 맞게 그것을 적절히 사용하는 법(화용론, pragmatics)을 습득하는 것을 포함한다. 그러니까 단어만 안다고 언어를 배우는 게 아니다. 언어의 소리를 익히고 그것의 조합 방법을 알며, 어떤 구문 구조가 맞고 틀린지 대화 상대자에게 어떤 표현을 하고 어떤 단어를 사용해야 하는지 등을 알아야 한다.

외국어 학습은 큰 도전이고 어른이 되어 외국어를 배우면 습득에 한계가 많다는 것을 우리도 잘 안다. 새로운 언어 소리를 익히기 어렵기 때문에 외국어 억양이 생긴다. 또한, 통사구조를 배우는 게 어려워서 문법 오류를 범하는 경우도 많다. 예를 들어, 스페인어에서는 "엘 마빠"(el mapa)를 "라 마빠"(la mapa)라고 말한다(mapa[지도]는 일반적인 규칙에 따르면 'a'로 끝나서 여성 명사로 오해하기 쉽지만, 남성 명사[보통은 'o'로 끝남]다. 따라서 여성 관사[la] 대신 남성 관사[el]를 붙여야 한다—옮긴이).

단어의 미묘한 뜻을 몰라 종종 장소에 맞지 않은 단어를 쓰거나, 대화 중 틀린 단어를 사용하기도 한다. 가령 '타코'(taco)라는 단어를 상황에 맞게 사용하는 법을 살펴보자(이 단어에는 약 서른 개 정도의 다양한 뜻이 있다—옮긴이). 또한 다른 언어와 비교했을 때 단어 차이를 모르거나 헷갈린다. 그 차이를 구분하기도 쉽지 않다.

예를 들어, 사람들은 스페인어로 '콘스티파도'(constipado: 감기 걸린)가 영어의 '컨스티페이티드'(constipated: 변비에 걸린)와 같은 뜻이라고 생각한다. 두 단어가 비슷하게 생겼기 때문이다. 결국, 이 모든 정보를 제대로 통합하기가 매우 어렵다. 용기를 내서 다른 언어로 계속 대화하려다가 결국엔 좌절한다. 이 도전은 너무나 거대하고 이제까지 만났던 어려움과는 차원이 다르다.

매일 잠만 자는 것처럼 보이는 아기들은 이런 것을 별로 신경 쓰지 않는 듯 보인다. 우리 모두 그런 단계를 거쳐 언어를 익혔는데, 상대적으로 성인보다 쉽게 언어를 배우는 것 같다. 적어도 아기의 언어 발달을 보면 그래 보인다. 과연 우리는 어떻게 언어를 배운 걸까?

이번 장에서 이 질문에 포괄적인 답변을 하거나 자세히 들여다보진 않을 것이다(나는 그런 주제에 특화된 작가는 아니다). 다만 아기가 두 언어를 동시에 학습하면서 겪는 어려움은 소개할 예정이다. 내가 소개할 내용은 발달 초기 아기들의 언어 습득 과정이다. 언어 발달 과정에서 아기들이 무엇을 배우는지를 알아내고자 학자들이 사용하는 전략을 소개할 것이다.

특히 아기 단일언어자와 아기 이중언어자에 관한 연구가 있다. '아기 이중언어자'라는 표현에 놀랐을지도 모르겠다. 아기들이 말 한 마디 못한다고 해서(말하는 건 시간이 훨씬 더 지나야 한다), 이중언어를 경험하지 않는다는 뜻은 아니다. 대부분 이중언어 학습 경험은 아기가 말을 하기 전부터 시작된다. 따라서 '아기 이중언어자'라는 표현은 틀린 것이 아니다. 두 언어 사용 환경에서 태어난 아이와 단일언어 사용 환경에서 태어난 후에 타 언어에 도전하는 아이를 구분하기 위해 이런 표현을 사용했다. 실제로 하나의 언어만 들으며 자란 아이를 '아기 단일언어자'라고 부른다. 그리고 두 언어를 체계적으로 들으며 자란 아이를 '아기 이중언어자'라고 한다.

앞으로 살펴보겠지만, 그들에게 놓인 공통적인 도전이 있다. 아이가 말은 안 해도 그들의 뇌는 주변에서 흡수하는 정보를 계속 처리한다는 것을 기억해야 한다. 실제로 수많은 연구에서 생후 몇 개월 안 된 아기들이 언어에 관한 매우 정교한 지식을 얻는다는 사실이 증명되었다. 빠르면 보통 1년이 지나야 말을 시작하지만, 6개월 즈음에 이미 무시할 수 없는 많은 양의 단어를 비롯해 복잡한 언어 지식을 얻는다. 앞으로 소개할 연구는 언어 산출(language production: 자신의 심적 내용을 상대방에게 전달하기 위해 언어를 생성하고 표현하는 과정—옮긴이)이 아닌, 언어의 이해와 인식 과정에 중점을 두었다.

단어는 어디 있을까?

≪Wer fremde Sprachen nicht kennt, weiß nichts von seiner eigenen≫. 독일의 유명한 문호, 요한 볼프강 폰 괴테가 남긴 말이다. 독일어를 모르는 사람도 이 문장을 보면 (뜻은 몰라도) 문장을 구성하는 단어는 구분할 수 있다. 방법은 간단하다. 보통은 단어와 단어 사이에 공백이 있기 때문에 Wer, fremde 등을 한 단어라고 생각한다. 독일어를 모른다고 해도 이미 한 걸음 앞으로 나간 셈이다. 즉, Sprachen이 무슨 뜻인지는 몰라도, 독일어 단어라는 것은 알게 된다.

이제 잠깐 책을 내려놓고 음악 플레이 리스트에서 모르는 언어로 된 노래를 골라보자(만일 독일어 노래를 듣다가 '슈프라흔'[Sprachen, 말]이라는 단어가 나오면, 한 단어는 알고 있는 셈이다). 이제 그 노래를 좀 더 자세히 들어보자. 노래가 들을 만하면, 무슨 내용인지 정확히는 몰라도 가사에서 단어를 찾아낼 수는 있을까? 단어들 사이에 빈칸이 있음을 추측할 수 있을까? 아마도 부정적일 것이다. 그 노래 가사는 어디에서 단어를 끊어야 할지 감이 전혀 오지 않는, 계속 이어지는 소리 사슬처럼 들릴 것이다. 그래도 포기하지 말고 계속 연습해보자. 그리고 소리 사슬을 끊어서 단어를 찾아보자.

아마 대부분은 끊는 부분이 단어가 아니거나, 끊어서 모아둔 소리들이 전혀 다른 단어가 될 수도 있다. 이것은 문자 언어(written language)와 달리 구두 언어(oral language)에는 공백이 없음을 보여준다. 따라서 괴테의 이 말을 눈으로 보지 않고 귀로 들었다면, 소리가 쭉 이어진 것으로 인식했을 것이다. 이런 식으로. ≪WerfremdeSprachennichtkenntweißnichtsvonseinereigenen≫. 자, 이제 이 문장에서 단어가 어디에서 시작하고 끝나는지 한번 끊어보자.

(더 이상의 고통은 주지 않겠다.)

이 문장은 "외국어를 모르는 사람은 모국어도 제대로 알지 못한다"라는 뜻이다. 자, 이것이 바로 언어를 처리할 때 아기들이 겪는 어려움이다. 말을 듣고 하나의 단어일 거라고 예상되는 부분을 끊어 단어집이나 심성 어휘집(mental lexicon: 뇌 속에 가상적으로 존재하는 수많은 단어에 대한 기억–옮긴이)을 만들어가기는 쉽지 않다. 그런데 아기들은 어떻게 이 일을 할까? '소리 사슬'을 자르고 구분하는 방법에 따라 서로 다른 두 언어가 될 수 있다면 무슨 일이 벌어질까?

아기들은 어떻게 단어를 구분할까?

뻔한 말이긴 하지만, 우리는 모든 언어를 배울 수 있다. 아이가 배울 수 없는 언어라면 아주 빨리 사라졌을 것이다. 따라서 구두 신호(oral signal)에서는 아이가 어디에서 말을 자르고 나눠야 하는지에 대해 기준으로 삼을 만한 단서가 필요하다. 즉, 들리는 소리 사슬을 잘 나누도록 안내하는 일정한 규칙이 있다.

예를 들어, 언어마다 결합 가능한 소리는 제한되어 있다. 모든 소리가 다 결합할 수 있는 게 아니다. 스페인에서는 세 개의 자음 'str'이 연속으로 들리면, s 뒤에는 적어도 음절이 한 번 끊기고, 단어 끝부분에 해당될 확률이 매우 높다. 스페인어에서는 st로 끝나거나 str로 시작 또는 끝나는 단어가 없기 때문이다. 놀랍게도 스페인어를 배우는 아이는 8개월쯤 되면, 이미 s 다음에 한 단어가 끝날 가능성이 있다는 사실을 알아챈다. 즉, 음절 경계가 있음을 알게 된다. 아기가 어떻게 그것을 알 수 있을까? 아기들 말의 세분화에 가장 큰 영향을 끼친 한 연구는 아기들이 여러 소리 사이에서 동시 발생(co-occurrence) 확률을 계산한다는 사실을 확인했다. 이 연구에 대해 좀 더 알아보자. 생애 초기 아기의 지식 탐색 방법을 이해하는 데 도움이 될 것이다.

모든 언어에서, 두 음절(또는 음소[더 이상 작게 나눌 수 없는 음운론상의 최소 단위로, 하나 이상의 음소가 모여서 음절을 이룬다—옮긴이])이 서로 붙을 확률(전이 확률, transitional probability)은 서로 다른 단어 사이보다는 단어 내부에서 더 높다. 예를 들어, "las palabras que oímos"라는 문장을 생각해보자. 음절 pa 다음에 음절 la가 붙을 확률은 음절 bras 뒤에 que가 붙을

TUPIRO GOLABU BIDAKU PADOTI

TUPIROGOLABUBIDAKUPADOTITUPIROBIDAKU...

100% 100% 30% 30%

그림 1

실험에서 배열된 음절순서이다. 보이는 것처럼, 이 단어의 각 음절은 늘 같은 순서를 따른다. 따라서 늘 나타나는 것처럼, 예를 들어 pi 뒤에는 ro가 나온다. 그러나 ro가 나오면, 그다음에는 음절 go, bi 또는 pa가 올 수 있다.

확률보다 훨씬 더 높다. 미국 로체스터대학교의 제니퍼 사프란 교수와 동료들은 8개월 된 아기들이 이런 추측을 할 수 있다는 가설을 증명하는 독창적인 연구를 했다. 이것을 위해 서로 다른 음절들 사이의 전이 확률을 조작한 음절 배열을 만들었다([그림 1] 참조).

아기들의 언어 지식(이 경우는 영어)이 영향을 주지 않도록, 영어와 전혀 상관없는 단어들을 지어냈다. 연구진이 만든 단어에는 음절 배열의 속임수가 있다. 단어의 음절들 사이 전이 확률은 100퍼센트였다. 예를 들어, 그중 하나가 tupiro라고 배열한 단어였다. 따라서 음절 tu가 나타나면 그다음에는 pi가 따라오고, pi가 나타나면 늘 그 뒤에는 ro가 따라왔다. tupiro라는 음절이 연속으로 나타난 후에는 실험에 포함된 또 다른 단어들(golabu, bidaku, padoti) 중 아무거나 나타날 수 있다. 따라서 tupiro 뒤에 또 다른 음절이 붙을 가능성은 30퍼센트(ro 뒤에 go, bi 또는 pa가 나타날 수 있기 때문)이다. 요컨대, 서로 다른 단어들 사이의 전이 확률은 단어 내부 음절의 전이 확률보다 훨씬 더 낮았고(3분의 1), 단어 내부에서 음절들은 정해진 방법으로 배열되었다. 다른 식으로 말하자면, 음절들 사이에서도 자주 어울리는 음절이 있고, 덜 어울리는 음절이 있다. 이 실험은 앞에서 말한 문장인 "las palabras que oímos"에서 음절 pa와 la가 붙을 확률이 bras와 que가 붙을 확률보다 더 높은 것과 같은 이치다. 여기에서는 이 소리 사슬을 억양의 변화 없이 아기들에게 연속해서 2분간 들려주었다. 실제로 이 소리는 우리가 전혀 모르는 언어로 된 노래를 들을 때 경험했던 것보다 훨씬 더 느낌이 좋지 않은 인공적인 사운드 생산 시스템으로 재생되었다.

과연 8개월 된 아기들이 이 소리(음절) 사슬에서 어떤 규칙성을 계산하고 자주 어울리는 음절과 덜 어울리는 음절을 골라낼 수 있을까? 놀랍게도 아기들은 골라냈다. 자세히 말하자면, 아기들은 음절 사이의 전이 확률을 계산할 수 있다. 따라서 tupiro 각 음절이 늘 함께해서 하나의 단어를 이루고, rogola는 자주 붙지 않는 음절들이 조합된 단어임을 이해한다. 이 결과는 아기들에게는 누군가의 말을 들을 때 나타나는 통계적 규칙성을 탐색할 능력이 있음을 보여준다. 마치 어휘 항목이나 단어 파악에 필요한 세부적인 전략이 있는 것처럼 말이다.•

정말 흥미로운 실험이다. 단순하지만 멋진 아이디어가 틀림없다. 하지만 어떻게 8개월 된 아기들에게 이런 것들을 물어볼 수 있을까? 간단히 말하자면, 2분간 소리 사슬을 들려준 후에 단어가 될 때와 비단어(no-words)일 때 주는 자극에 아기들이 주목하는 모습을 관찰한다. 만일 아기들이 이 두 자극에 똑같이 반응했다면, 이 실험은 실패했을 것이다. 소리 사슬에서 더 자주 어울리는 음절을 아기가 골라낼 수 있음을 보여

• 말의 세분화 과정에 대한 설명만으로는 이것을 이해하기 힘들 수 있다. 예를 들어, 실제 신호에는 강세 있는 음절과 없는 음절 사이의 교체 또는 음절들의 지속 시간 등 아기들의 탐색 단서가 추가로 들어 있다.

줄 근거를 아무것도 얻지 못했을 것이기 때문이다(그랬다면 실험 설명도 없었을 것이다).

그러나 둘 사이의 반응은 달랐다. 아기들은 언어 친숙화 단계에서 단어가 될 때보다는 안 될 때(비단어일 때)의 자극에 더 반응했다. 그 소리가 들릴 때 좀 더 집중해서 더 오래 바라보았기 때문에 알게 된 사실이다. 친숙화 단계에서 비단어가 들리면 더 놀라는 모습을 보였다. 이런 모습은 아기들이 친숙화 단계에서 들리는 단조로운 소리 사슬로 이어진 음절 사이에서 전이 확률을 마치 통계 장치처럼 무의식적으로 계산해낸다는 사실을 보여준다. 아기들은 머릿속으로 'tu라는 소리가 들리면 그다음에는 pi와 ro가 올 확률이 매우 높군. 이런 반복되는 패턴은 뭔가 하나의 단위 그러니까 단어인 것 같아. 하지만 ro가 나타나면 go가 이어서 나타날 확률은 희박해. 그러니까 rogola는 하나의 단위, 그러니까 단어 같지는 않아'라고 생각하는 셈이다. 만일 아기들이 그저 먹고 자기만 한다고 생각했다면, 큰 오해다! 이제 아기들을 볼 때마다 머릿속에는 무척 강력한 통계 컴퓨터가 있다는 생각도 하길 바란다.

이 연구에 대해 더 자세히 설명하진 않을 것이다. 이 실험은 아기들이 소리 사슬을 이해하는 데 사용하는 음운적 단서를 알아보려고 소개했기 때문이다. 이 실험 덕분에 아기들도 말의 신호 안의 규칙성, 예를 들어, 한 언어에서 나타나는 소리의 조합 가능성(이것을 '음소 배열 규칙'이라고 한다)과 억양과 강세의 특징, 소리 목록 등에 매우 민감함을 알게 되었다. 비록 나이에 따라 이런 특징에 반응하는 데 정도의 차이는 있겠지만, 이 단서를 이용해 단어를 골라내고 어휘 또는 심성 사전도 만들 수 있다.

두 언어 환경에서 살아가는 아기들

아기들이 두 언어에 노출되고 처음 몇 달 동안 언어 신호를 푸는 작업에 익숙해지면, 이제 또 다른 문제를 만난다. 모든 언어에는 음운 규칙이 있는데, 반드시 똑같을 필요는 없고 실제로도 같지 않다. 언어에서 허용되는 소리 배열에 대한 예를 들어보겠다.

스페인어에는 str로 시작하는 단어가 없다. 따라서 스페인어에 많이 노출된 아기는 risas tristes라는 소리 배열을 들으면서, 여기엔 적어도 두 단어가 들어 있고, s와 t 사이에 적어도 음절 경계가 하나 있다고 판단할 수 있다. 스페인어와 반대로 영어에는 str로 시작하는 단어가 아주 많다(strong, stream, strange 등). 따라서 영어에 많이 노출된 아기는 이 두 소리 s와 t를 다른 음절이나 단어로 구분할 필요가 없다. 그렇지만 스페인어에 노출된 아기는 four streets라는 배열에서 s와 t 사이에 단어 경계가 있다고 생각하고, fours treets로 이해할 것이다.

바로 여기에서 어려움이 생긴다. 스페인어와 영어에 둘 다 노출된 아기는 이런 상황을 어떻게 해결할까? 두 기준 중 하나를 선택해서 하나를 다른 쪽에 맞추려고 하다 보면 문제가 생긴다. 우리가 볼 때는 아주 혼란스러울 것 같지만, 실제로 두 언어에 노출된 아기들이 그런 통계적 규칙성을 파악하는 데는 그리 오랜 시간이 걸리지 않았다.

한편, 달리 특정 언어에만 있는 음운적 속성도 있다. 예를 들어, 중국어나 베트남어처럼 '성조(소리의 기본 주파수)'가 있는 언어를 보면, 같은 음절이라도 성조 차이에 따라 뜻이 달라진다. 하나의 단에서 한 음절이 높거나 낮을 수 있고, 이렇게 높낮이를 달리하면 뜻이 바뀐다. 그것을 대조적 속성(contrastive property)이라고 부른다. 성조는 어휘를 구분하는 데 중요한 특징이다. 스페인어도 같은 단어지만 한 음절에서 강도를 다르게 한 단어들이 있는데 이것이 곧 대조적 속성이다. 그리고 그것을 강세(accent)라고 부른다. 예를 들어, '사바나'(sábana: 시트, 홑이불)와 '사바나'(sabana: 초원)처럼 음절에 강세가 있느냐 없느냐에 따라 뜻이 달라지는 단어들이 있다.

중국에서는 최소 5개의 성조가 있어서 '마'(ma)라는 음절 하나에서 다섯 개의 뜻이 나올 수 있다. mā (어머니), má (저리다), mǎ (말), mà (꾸짖다), ma(의문 조사). 실제로 이런 걸로 잰말놀이 또는 텅 트위스터(Tongue Twister: 발음하기 어려운 말이나 같거나 까다로운 발음이 반복되는 말을 빠르게 말하는 놀이-옮긴이)를 하기도 한다. 가령 māma qí mǎ, mǎ màn, māma mà mǎ, 이것은 "엄마가 말을 타고, 말은 느리고, 엄마가 말을 꾸짖다"라는 뜻이다. 영어가 더 쉬운 사람에게는 중국어로 이 문장을 시험해볼 수 있다.

이런 성조 사용은 흔치 않다고 생각하는가? 세계의 언어 중에 약 40퍼센트는 성조를 갖고 있다. 그러나 스페인어와 카탈루냐어 또는 영어 및 다른 인도 유럽어에서는 성조에 대조적 특징이 없다. 한 음절에 강세가 나타나는 경우도 있지만, 어휘적으로 볼 때는 그렇게 중요하지 않다. 예를 들어, 스페인어에서 pan(빵)이라는 배열은 성조와 상관없이 뜻이 하나다. 중국어에 노출된 아기는 음절에 있는 성조에 민감해지는 법을 배워야 한다. 반면, 스페인어에 노출된 아기는 오히려 어휘를 구별하는 대조적 속성인 이런 특징을 무시하는 법을 배워야 한다. 이것은 아기들이 극복해야 할 또 다른 과제다.

따라서 요람에서부터 두 언어에 함께 노출된 아기는 그 소리의 특정 단서가 어떤 언어와는 상관 있고, 어떤 언어와 상관이 없는지를 배워야 한다. 그러려면 우선 두 언어가 '경합 중'임을 깨달아야 한다. 즉, 자신이 이중언어 환경에 있음을 알아채야 하는 것이다. 그것을 깨닫고 나면 아마도 서러워하며 이런 생각을 할 것이다. '도대체 왜 이러는 걸까? 이미 충분히 어려운데!'

'아빠랑 엄마한테 나는 소리가 똑같지 않네'

짐작하듯이 두 언어에 노출된 아기는 여러 불만을 토로한다. 그러나 결국, 이 아기들은 별문제 없이 두 언어를 잘 배우고, 불평한다 해도 그 상황과 충분히 잘 싸워 이겨 결국은 노련한 이중언어자가 된다. 더 흥미로운 점은 아기들이 아빠와 엄마의 입에서 각기 다른 아주 이상한 말이 나온다는 사실을 깨닫는 방법과 시기다. 자기 주변에 두 가지 다른 언어 코드가 있다는 것을 아기들은 언제 알 수 있을까? 이 질문에 대답하기 전에, 아기들이 말의 신호에 얼마나 민감하게 태어나는지를 보여주는 사례가 있다.

이탈리아 트리에스테에서 실시한 연구 내용이 『미국 국립과학원 회보』(*PNAS: Proceedings of the National Academy of Sciences*)에 실렸다. 마르셀라 페냐(Marcela Peña) 박사와 동료들은 신생아가 언어 신호에 노출될 때 생기는 뇌의 활성화를 연구했다. 구체적으로, 성인에게 나타나는 좌뇌의 언어 처리 선호도가 신생아들에게는 어느 정도 있는지를 알고자 했다.

이 실험을 위해 태어난 지 2~5일 된 아기들이 자는 동안 서로 다른 자극을 주고 뇌 활동을 측정했다. 우선 두 종류의 자극을 주었다. 첫 번째 자극은 연구에 참여하지 않은 아기의 어머니가 정상적인 언어를 사용해 책을 읽어주었다. 두 번째 자극은 같은 내용을 재생하되, 끝에서부터 거꾸로 청각 신호를 주었다. 두 번째 자극은 음성적인 특징으로는 언어가 아닌 말(가령 '시작' 버튼을 누르면서 테이프를 되감을 때 또는 디스크를 본래 방향과 반대로 감을 때 카세트테이프에서 어떤 소리가 나는지를 마흔 살 이상의 독자라면 기억할 것이다)보다는 정상적인 말에 더 가깝다(예를 들어, 음량이 같다). 태어난 지 이틀 된 아기의 뇌는 과연 두 언어 신호를 구분할 수 있을까?

'확실히 구분한다'가 답이다. 두뇌의 산소 소비를 통해 측정한 뇌 활동은 정상적인 언어로 이야기를 읽어줄 때가 거꾸로 읽어줄 때보다 훨씬 더 컸다. 또한, 두 자극의 차이는 일반적으로 언어 처리 과정에 더 많이 관여하는 좌뇌에서 나타났다. 따라서 신생아의 뇌는 이야기 신호 자극과 비슷했으며, 좌뇌는 다른 음향 자극에 다르게 반응하고 언어에는 선택적으로 반응했다. 이 결과를 보면 우리의 뇌는 태어날 때부터 특별한 방법으로 언어 신호를 해석할 능력을 지니고 있음을 알 수 있다.

수많은 연구에서 보여주듯 아기들은 전혀 비슷하지 않은 즉, 완전히 다른 소리가 나는 언어들을 구별할 수 있다. 그것도 태어난 지 몇 시간 되지 않았어도 가능하다. 시간이 좀 더 지나면 더 잘 구별했다. 그렇다고 이런 능력을 갖추려고 태어나기 전부터 이 언어에 '노출'되어야 한다는 뜻은 아니다. 스페인어를 하는 어머니에게 태어난 신생아는 예를 들어, 터키어와 일본어를 구별할 수 있을 것이다. 물론 들리는 소리 중 어떤 것이 터키어이고 일본어인지는 모르겠지만, 이 둘이 다르게 소리 난다는 것을 안다. 이런 능력이 별로 대단해 보이지 않는가?

여기서 잠깐, 신생아가 두 언어를 구분한다는 사실을 어떻게 알아내는지 살펴보자. 어떻게 아기에게 이런 질문을 할 수 있을까? 반복해서 특정 자극을 주고(아기들이 지루해할 때까지), 이후에 그것과 같은 자극을 주거나 다른 자극을 줄 때, 나타내는 행동 반응이 다르다. 보통 아기들은 새로운 자극(이전에 보여주지 않은 자극)에 더 큰 관심을 보인다. 새로운 대상과 익숙한 대상이 나타났을 때 행동 차이가 생기기 때문에, 아기가 뭔가를 처리하고 있음을 알 수 있다. 자극에 집중하는 시간을 측정해보면 이런 선호도를 알 수 있다. 더 새로운 것이 나타날수록 관심을 더 오래 보였다. 역시 아기에게도 새로운 게 최고다!

태어난 지 몇 시간 안 된 신생아를 대상으로 한 연구에서는 공갈 젖꼭지 빨기(Non-nutritive suckling: 비영양적 빨기) 방법을 사용했다(만화 심슨 가족에서 어린 매기 심슨이 늘 공갈 젖꼭지를 물고 있는 모습을 떠올려보자). 방법은 다음과 같다.

아기들은 태어나면서부터 빨기 반사(sucking reflex)를 보이는데 이것은 집중 정도를 반영한다. 즉, 더 많이 집중하면 더 많이 빤다. 예를 들어, 아기에게 "바, 바, 바, 바, 바"라는 음절을 계속 들려주면, 다시 말해 같은 자극을 반복하면, 흡입률과 (또는) 흡입폭이 줄어든다. 이런 흡입률이나 흡입폭은 아기의 반사 운동을 기록할 수 있는 전자 젖꼭지로 측정 가능하다. 전자 장치라고 해서 놀랄 건 없다. 흡입 특성을 측정하도록 전자식 센서가 정착되었을 뿐 정상적인 젖꼭지다. 흡입률이 줄어들면, 아기는 '이미 다 아는 소리야, 계속 똑같은 것만 주네, 계속 들으니까 너무 지루해'라고 신호를 보내는 것인지도 모른다. 따라서 자극을 바꾸면 지루해하지 않을 것이고, 그 결과 젖꼭지를 더 많이 빨 것이다. '역시 새로운 게 짱이야!'라고 하면서 말이다.

아기가 새로운 자극과 기존의 지루한 자극 사이의 차이점을 알게 될 때마다 이런 일이 벌어진다. 예를 들어, "바, 바, 바, 바, 바"라는 연속된 소리 중에 "파"라는 음절을 들려주면 갑자기 흡입률과 흡입폭이 증가한다. 이것은 아기가 변화를 감지하면서, 반복되어 지루한 '바' 소리와 새로운 자극, '파'를 구분할 줄 안다는 뜻이다. 앞으로 더 살펴보겠지만, 이런 기술 덕분에 아기가 태어나고 얼마 안 되어 모든 언어의 소리를 구분할 수 있음을 알게 되었다.

다시 질문들로 돌아가보자. 예를 들어, 터키어와 일본어를 구분하는지 알아보고자 터키어로 된 몇 문장을 들려주고 그사이에 다른 터키어 문장이나 다른 언어(가령 일본어) 문장을 중간에 끼워 넣어보자. 이 두 실험에서 흡입에 차이가 생기면, 바로 아기가 이 언어들을 구별한다는 뜻이다!

이 분야의 선구자였던 나의 스승 자크 멜러의 연구들을 통해 생애 초기에 아기들이 어떤 언어를 구분하고, 또한 구분할 수 없는지를 알게 되었고, 음운적 특징 즉, 소리에 따라 언어를 그룹화하는 데 도움이 되었다. 다시 말하지만, 언어 간 소리의 유사성이 아기에게는 중요하지 않을 수 있다. 우리가 관심 있는 부분은 언어를 구분할 때 아기가 집중할 때의 특징을 알아내는 것이다. 이런 정보를 통해 언어를 배울 때 어떤 음운적 특성이 가장 중요한지를 알아낼 수 있다. 따라서 아주 어릴 때부터 다양한 음운 계열 언어를 구분하는 능력이 나타난다는 것을 알 수 있다.

예를 들어, 일본어와 네덜란드어 소리 사슬은 상대적으로 구분하기 쉽다. 그러나 비슷한 음운 계열의 두 언어가 들어 있는 문장을 구분하는 능력은 시간이 좀 더 지난 후에 나타나고, 그러려면 적어도 두 언어 중 하나를 알고 있어야 한다. 즉, 이탈리아의 아기는 같은 음운 계열의 두 언어(스페인어와 이탈리아어)는 구분하지만, 스페인어와 카탈루냐어(비록 두 언어가 같은 라틴어 계열이라고 해도)를 구분하기는 훨씬 어렵다. 따라서 우선 한 언어에 노출되어야 다른 유사한 언어를 구별할 수 있다.

우리가 보기에 힘들어 보이지 않는다고 해서 두 언어를 구분하는 신생아들, 그러니까 아기 이중언어자들이 혼란을 겪지 않는다고 단언할 수는 없다. 아기는 한 번도 듣지 못한 언어들을 구분할 수는 있지만, 이런 언어를 들으면 어느 정도 혼란을 겪는다. 또한, 같은 음운 계열의 언어 사이에서 더 많이 혼란스럽다고 예상할 수 있다. 분명히 말하자면, 두 언어가 비슷할수록 더 혼란스럽고, 이 둘이 같은 계열이라고 생각하게 된다. 따라서 문제는 이중언어 노출이 언어 구별 능력에 어느 정도 도움 또는 방해가 되는지의 여부에 있다.

비록 이 문제에 관한 정보에는 한계가 있지만, 누리아 세바스티안과 동료들의 연구를 통해 스페인어와 카탈루냐어를 사용하는 4개월 된 아기들이 이 두 언어처럼 비슷한 언어 사이의 차이를 구분한다는 사실을 알게 되었다. 사실 스페인어 하나만 하는 아기들도 그렇게 할 수 있다. 그러나 그들의 방법이 똑같지는 않다. 아기 단일언어자들은 잘 모르는 언어보다 모국어에 더 빨리 반응했다. 이에 대해 좀 더 설명해보자.

이와 관련된 연구에서 언어에 노출된 아기들의 음원 반응 시간을 측정했다. 이를 위해 컴퓨터 화면에 시각적 자극을 주었다. 아기가 주의 깊게 그것을 바라볼 때, 즉, 몇 초간 눈을 화면에 고정하고 있을 때, 화면 뒤편 스피커에서 한 문장이 들린다. 이 스피커를 엄마 사진으로 가려 놓았다. 그 문장은 아기의 모국어가 될 수도 있고, 전혀 모르는 언어일 수도 있다. 아기 단일언어자는 모르는 언어가 나올 때보다 모국어가 나올 때 더 빨리 소리 나는 쪽을 쳐다보았다. 반면, 아기 이중언어자는 그 반대였다.

이 현상에 대한 설득력 있는 설명은 아직 없지만, 이중언어를 사용하는 아기들은 두 개의 친숙한 언어 중에 어떤 것이 재생되고 있는지를 평가하는 중이고, 이를 위해 추가 시간이 필요하다고 추측할 수 있다.

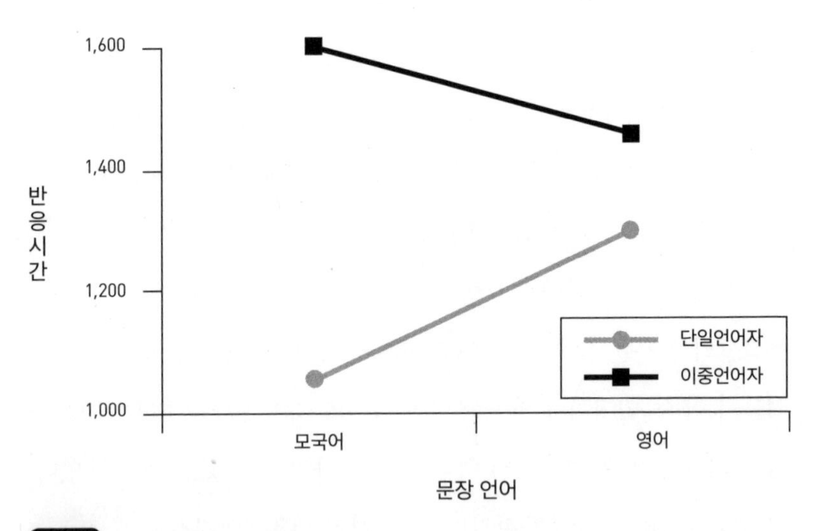

그림 2

이 도표는 아기 단일언어자와 이중언어자가 모국어 또는 외국어(영어)를 듣고 반응하는 시간을 보여준다. 아기 단일언어자들이 외국어보다 모국어에 더 빨리 반응하는 반면, 아기 이중언어사들은 모국이보다 외국어에 더 빨리 반응했다.

그러나 이것은 어디까지나 가정이다. 여기서 중요한 것은 아기들이 두 언어를 다른 언어들과 '구분한다'는 사실이다.

엄마 뱃속에서의 이중언어 경험

엄마 뱃속에서의 이중언어 경험이 어떤 영향을 끼치는지를 생각해보자. 우리는 아기가 태어날 때 엄마 목소리와 다른 사람 목소리를 잘 구분한다는 사실을 안다. 아기는 태어나기 전부터 말을 잘 이해하고 있었다. 생존의 관점에서 보면 말하는 사람이 엄마인지 낯선 사람인지 구별한다는 것은 분명 적응력이 뛰어나다는 뜻이다. 실제로 아기는 낯선 사람보다는 엄마가 말하는 문장을 더 좋아한다. 수개월 동안 뱃속에서 엄마 목소리를 들었으니 당연한 일이다. 비록 뱃속에서 듣는 소리 상태가 최상은 아니지만, 아기들 속에 쌓일 수밖에 없다. 신생아는 엄마 목소리만 좋아하는 게 아니라, 엄마가 임신 중 사용한 언어도 좋아한다. 임신 중에 엄마가 스페인어를 했다면 태어난 지 이틀 된 아기는 낯선 사람이 하는 말이라도 스페인어를 더 좋아한다. 또 영어를 듣다가 태어난 아기는 영어를 더 좋아한다. 결론적으로 아기는 엄마 뱃속에서 아홉 달 동안 많은 것을 배운다.

만일 아이가 태어나기 전부터 모국어를 경험하는 게 사실이라면, 두 언어를 경험할 때는 어떤 결과가 나타날까? 기본적으로 두 언어를 하는 엄마와 한 언어를 하는 엄마의 뱃속에 있는 아이가 처한 환경은 같지 않다. 두 언어를 들으면서 엄마가 둘이라고 생각할까? 아니면 똑같은 언어를 들은 것처럼 두 언어를 섞을까? 아마도 후자를 선택하는 것이 더 논리적일 것이다. 아이 귀에는 한 사람의 언어처럼 들릴 것이다. 보통 임신 중에 엄마가 타갈로그어(필리핀의 토착어 중 하나)와 영어를 같이 사용하면, 태어난 후에 아기는 두 언어 중 하나를 특별히 더 좋아하지는 않는다. 과연 이것이 그 둘을 구별하지 못한다는 뜻일까? 아니면 두 언어를 섞었다는 뜻일까? 어쨌든, 임신 중에 영어만 들었던 아기는 영어를 좋아했다. 두 언어를 들은 아기는 둘 중 어떤 것도 선호하지 않았지만(둘 다 엄마가 한 말인데, 왜 더 좋아하는 언어가 없는 걸까?) 이미 위에서 말한 '지루한 자극' 실험을 통해, 아기는 두 언어를 구분한다는 사실을 알았다.

결론부터 말하자면, 엄마 뱃속에서의 이중언어 경험은 아기를 혼란스럽게 하지 않기 때문에 임신 중인 독자라면 원하는 언어로 편하게 말하길 바란다. 의심스러울 수도 있지만, 실제로 아무런 문제도 없다.

아기 이중언어자의 놀라운 능력

언어의 기본 수단은 바로 소리다. 우리는 말을 듣는 것보다 할 때가 더 많다. 읽고 쓰는 것을 배운 후에도 마찬가지다. 트위터와 왓츠앱, 페이스북 등 글로 표현하는 새로운 커뮤니케이션 방법이 인기라고 해도 달라지는 건 없다. 인간은 '토킹 헤즈'(Talking Heads)라는 사실을 명심하자. '라이팅 헤즈'(Writing heads)가 아니다! 말하는 머리지, 글 쓰는 머리가 아니다. 찰스 다윈이 『종의 기원』(사이언스북스, 2019)에서 아주 우아하게 말한 것처럼, 그리고 아기들의 옹알이에서도 볼 수 있듯이 인간에게는 말하려는 본능이 있다. 그러나 '본능적으로' 맥주를 만든다거나 빵을 굽고, 글을 쓴다는 사람은 없다.

또한, 말하는 동안에는 대체로 청각 신호가 동반되는데, 이 신호에는 언어 인식에 영향을 미치는 또 다른 단서들이 함께한다. 평소에는 인식하지 못할 수도 있지만, 누군가와 이야기할 때 우리는 보통 상대방의 입술 움직임을 본다. 입술과 거기에서 소리를 내는 조음 운동(소리를 내는 데 참여하는 음성기관의 움직임-옮긴이)을 자세히 본다. 이런 행동은 소리에 집중하기 힘든 상황에서 더 확실하게 나타난다.

예를 들어, 주변 소음이 크거나 시끄러운 클럽에 있을 때, 콘서트장에서 이야기를 나눌 때 또는 이해하기 어려운 외국어로 이야기할 때 우리는 상대방의 입을 쳐다본다. 또, 소리와 입술 움직임이 일치하지 않는 더빙이 서툰 영화를 보거나, 소리와 화면 이미지가 맞지 않을 때 이런 경향은 더 심해진다.

소리와 입술 움직임이 조금만 틀려도 아주 어색하게 느껴지지 않는가? 이것은 우리가 누군가와 이야기할 때, 시각 및 청각 정보를 자동으로 수집한다는 사실을 보여준다. 유튜브에서 〈맥거크 효과〉(McGurk effect)를 찾아서 보라. 지금 설명하는 '시청각적인 착각' 현상을 완벽하게 보여준다. 이 영상을 보면, 상대의 말을 들을 때 우리는 입술을 본다는 사실을 이해할 수 있다. 그리고 알아듣기 힘든 상황에서 이렇게 하는 것이 언어 처리 과정에 도움이 된다는 사실도.

이것이 아기 이중언어자 이야기와 무슨 상관이 있을까? 그렇다. 아기들도 언어 구별을 위한 시각적 단서를 사용한다. 생후 4~6개월 된 아기들은 말하는 사람들이 찍힌 영상만 보고도 그들이 프랑스어를 하는지, 영어를 하는지 구별할 수 있다. 소리가 안 나오는 영상만 보고도 말이다! 이런 구별 능력은 두 언어에 노출된 아기들에게 8개월간이나 지속된다. 그러나 아기 단일언어자는 그렇지 않다. 따라서 이중언어 노출은 아기들이 언어를 구별하기 위해 입술의 조음 운동에 집중하는 일을 일시적으로 강화하고 지속시키는 듯 보인다.

사실상, 이중언어를 경험한 아기들은 일찍부터 조음 운동에 관심을 갖는 것 같다. 4개월 된 아기 이중언어자는 아기 단일언어자보다 말하는 사람의 입을 더 많이 쳐다본다. 이런 특징은 최소 한 살까지 유지되는데, 두 언어를 듣고 머릿속이 복잡해진 아기는 그 둘을 구별하기 위해 시각 및 청각 정보를 사용해 의사소통 과정에서 가능한 한 많은 정보를 얻으려고 노력한다. 정말 놀랍지 않은가? 아기는 그저 먹고 자는 것이 전부라고 생각했지만… 천만의 말씀이다. 그들은 나름대로 애쓰는 중이다!

아기 이중언어자들이 시각적 단서만으로 언어를 구별할 수 있다는 사실에 그리 놀라지 않는 사람도 있을 것이다. 그렇다면 꼭 직접 확인해보았으면 한다. 텔레비전 소리를 줄이고 배우들이 무슨 말을 하는지 맞혀보라. 입술을 읽는 능력은 이중언어를 경험할 때 더 커진다. 스페인어와 카탈루냐어에 노출된 8개월 된 아기는 한 번도 듣지 못한 두 언어(프랑스어와 영어) 사이의 시각적 차이를 구분할 수 있다. 반면, (이미 스페인어나 카탈루냐어를 아는) 아기 단일언어자는 이 둘을 구분하지 못한다. 입술 쳐다보기를 좋아하는 아기 이중언어자들 속에서 무슨 일이 일어나는 게 틀림없다.

언어의 소리 목록을 만드는 아기들

앞에서는 아기들이 언어를 형성하는 다양한 소리 사이에서 '통계적 규칙성'을 발견한다는 사실을 소개하면서 이번 장을 시작했다. 우리는 이러한 능력이 단어를 만드는 '소리 사슬'을 발견하고 자르는 데 아주 유용하다는 사실을 알았다. 이 능력을 키우는 과정에서 아기들은 언어에 나타나는 소리, 즉 음소 학습을 한다. 음소는 두 단어의 뜻을 구분하는 최소 단위다. 라따(rata), 라따(lata), 마따(mata), 까따(cata), 가따(gata), 차따(chata), 나따(nata)와 같은 단어에서는 첫 번째 음소가 각각의 단어를 구분한다. 예를 들어, l과 r은 서로 '대조적'인데, 다른 음소를 사용하면 다른 단어가 되기 때문이다. 이것은 중국어에서 성조로 뜻이 달라지는 것과 똑같다. 이런 대조적인 음소를 잘 습득하지 못하면 아로스(arroz)를 아로스(aloz)라고 실수로 말할 수도 있다(여기서 'rr'는 굴려주는 발음이다-옮긴이). 이 이야기는 나중에 다시 하겠다.

태어난 지 몇 달 안 된 아기가 학습을 시작할 때는 기본적으로 노출된 언어의 음소 목록(또는 음운 목록)을 만든다. 다른 식으로 말하자면, 아기는 엄마 아빠의 입에서 나오는 소리 목록을 익혀야 한다.

아기들은 자연 언어(사람들이 일상적으로 쓰는 언어-옮긴이)에서 나오는 음운 목록을 얻어내는 능력을 타고났다. 그렇지 않았다면, 위에서 말했듯 쉽게 배울 수 없는 소리 목록은 사라졌을 것이다. 따라서 믿기 어렵겠지만, 예를 들어 만 6개월 된 아기는 한 번도 들은 적 없는 소리와 들은 적 있는 소리를 구분할 수 있다. 중국어를 모국어로 사용하는 성인이 l과 r을 발음할 때 생기는 문제가 그 언어를 사용하는 환경에서 태어난 아기에게는 나타나지 않는다.

그러나 아기들의 음운 대조 인식 능력은 시간이 갈수록 줄어든다. 자넷 웨커는 동료들과 함께 언어 습득에 관한 고전적 연구를 하나 진행했다. 이 연구에서는 연령별로 아기들이 생소한 언어와 모국어 소리를 어느 정도로 구별하는지를 평가했다. 이 평가는 생후 6~12개월에 힌디어 또는 영어를 사용하는 환경에서 자란 아기들을 대상으로 했다. 영어에서는 대조적인 특징이 아니지만 힌디어에서는 중요한, 아주 비슷한 두 음소를 구분하는 능력을 살펴보았다. 힌디어를 배우는 아기들에게는 서로 다른 두 가지 d의 차이가 중요하다. 이것 때문에 다른 단어가 될 수 있기 때문이다. 이 두 음소는 스페인어의 d와 뭔가 비슷하지만 서로 다르다. 힌디 단어를 구별하는 데는 도움이 되지만, 영어에서는 전혀 상관없는 능력이다. 영어에 노출된 아기들에게는 그 차이가 중요하지 않으므로 실제로는 그 차이를 무시할 것이다.

이에 따라, 6개월 된 아기들은 어떤 언어를 배우든 그 두 소리를 구별할 수 있다. 그러나 12개월이 되면, 힌디어를 듣고 자란 아기들만 두 가지 d 소리를 구별할 수 있었다. 즉, 대조가 두드러지지 않은 언어에 노출된 아기는 12개월이 되면 그 소리를 구분하는 능력을 잃어버린다(또는 그 능력이 줄어든다). 소리를 구분하는 능력과 그 시간은 화살처럼 지나간다.

이러한 결과들은 여러 이유에서 중요하다. 첫째, 적어도 생후 6개월까지 아기들은 계속 노출되지 않은 언어에 대해서도 소리 대조에 민감하다. 둘째, 이 능력은 음운 대조에 자연스럽게 노출되지 않으면 아주 일찍 사라진다. 또한, 이런 구별 감각이 사라지는 대신 아기가 듣는 언어의 음소 간 미묘한 차이를 감지하는 감각이 예민해진다. 이런 현상을 바로 지각 좁히기(perceptual narrowing) 또는 지각 순응(perceptual adaptation)이라고 한다. 그리고 여기에는 양면성이 있다. 우리가 언어를 배우는 동안 음운 요소를 구별하는 능력은 향상되지만, 새로운 언어의 음운 요소를 처리하는 능력은 감소한다. 이런 지각 순응이 처음에는 단점처럼 보일 수 있지만, 실제로 이것은 큰 적응력을 발휘하고 있음을 나타낸다. 덕분에 알곡과 쭉정이를 구분할 수 있기 때문이다. 즉, 주변 환경에서 더 중요한 정보(알곡)에 집중하고, 관련 없는 변수(쭉정이)를 제거할 수 있다. 그러나 이런 지각 순응에는 비용이 따른다. 아주 어릴 때 언어의 음운 요소를 처리하는 능력을 상실해서 외국인 억양을 갖게 될 수도 있기 때문이다.

누군가는 다른 두 언어를 처리할 때, 지각 순응 현상이 중요하게 영향을 미친다고 생각할 수 있다. 즉, 두 언어를 접하는 아기 이중언어자의 언어 변이가 증가하면, 각 언어의 중요한 정보에 대한 민감도가 줄어든다는 것이다. 그러나 이런 현상은 아기 이중언어자와 단일언어자 모두에게 거의 비슷한 나이에 나타난다. 따라서 이런 경험이 언어 처리 수준 발달에 혼란을 주는 것 같지는 않다.

사실, 이중언어 경험은 음운 목록을 만드는 데 큰 영향을 주지 않는다. 예를 들어, 12개월 된 (프랑스어-영어) 이중언어자들은 이 두 언어에서 나타나는 대조를 구분할 수 있다. 또한, 영어만 쓰는 아기 단일언어자들은 자기 언어의 대조만 구분할 수 있다. 이런 걸 보면 아기들은 마치 언어를 잘 구분해내는 기계 같다.

음운 목록과 관련해 아기 이중언어자들이 겪는 어려움 중 하나는 각 언어에 속하는 두 개의 음소가 아주 비슷한 소리를 낼 수 있지만, 같지는 않다는 사실이다. 예를 들어, 영어와 스페인에서 b 소리를 생각해보자. 언뜻 보면 똑같은 소리 같지만 사실은 다르다. 스페인에서의 b는 입을 열기 전에 어느 정도 유성화가 일어나는 경향이 있지만, 영어는 그렇지 않다. 유성화란 입을 열고 모음 소리가 들리기 전에 성대가 조금 진동한다는 뜻이다. 직접 성대 근처의 목울대 위에 손을 올려보자. '아'(a) 소리를 내지 않고 '파'(pa) 음절을 소리 내보자. 성대가 떨리지 않거나 적어도 모음을 내기 위해 입술을 벌리지 않을 때까지는 떨리지 않는다. 이제 '바'(ba) 음절 소리를 내보자. 입술을 벌리기 전에 성대가 조금 떨리는 것을 알 수 있다. 따라서 '바'(ba)와 '파'(pa)는 차이가 있다. '바'는 입을 벌리기 전에 유성화 되고 '파'는 그렇지 않다. 물론 아주 미묘하고 순식간에 일어나는 차이이다.

영어와 스페인어의 b 발음을 구분하기는 매우 어렵다. 따라서 이것도 외국인 억양이 생기는 원인 중 하나다. 아기 이중언어자들은 이런 상황을 어떻게 처리할까? 10개월 된 아기들은 두 언어에서 비슷한 소리가 나더라도, 두 가지를 구별할 수 있다. 반대로 아기 단일언어자는 구별하지 못한다. 그들에게는 자기 언어와 비슷하게 다 똑같은 b로 들린다. 즉, 아기 단일언어자는 모든 b의 변화를 같은 범주 안에 넣지만, 이중언어자는 영어와 스페인어의 b를 각각 구별해서 두 가지 범주에 따로 넣는다. 따라서 아기 이중언어자는 언어에 따라 각각 다른 음운 목록을 만들 수 있다.

이번 장 시작 부분에서 각 언어에서 허용하는 소리 조합에 따라 언어가 어떻게 달라지는지 즉, 음소 배열 규칙(phonotactic rules)에 대해 살펴보았다. 다시 보면, 스페인에서는 str의 조합으로 시작되는 단어가 없지만, 반대로 영어에서는 아주 흔하다. 또한, 약 9개월 된 아기들이 이런 음소 배열 규칙에 민감할 정도로 충분한 경험을 했다는 사실도 알았다. 잘 듣지 못한 소리 배열보다는 더 자주 들을 수 있는 소리가 배열된 단어를 더 좋아한다는 사실이 드러났기 때문이다. 아기 이중언어자는 자주 들을 수 있는 소리들이 이어진 단어를 더 좋아했다. 아기들은 이를 위해 두 배로 작업해야 할 뿐만 아니라, 한 언어를 계산하는 정보가 다른 언어를 계산하는 정보와 섞이지 않도록 통계 정리를 더 확실히 해야 한다.

과연 아기들은 따로 이런 규칙성을 만들 수 있을까? 이 질문에 답하기 위해 주어진 정보는 아주 적다. 바르셀로나에서 실시한 어떤 연구에서, 스페인어 또는 카탈루냐어 하나만 사용하는 아기 단일언어자는 카탈루냐어에서 한 번도 나타나지 않은 소리 사슬과 비교해서 자주 나타나는 소리 사슬을 어느 정도까지 선호하는지 알아봤다.

결과는 분명했다. 태어나서 10개월 동안 카탈루냐어에만 노출된 아기들은 이 언어에서 허용되는 소리 사슬을 더 좋아했다. 반면 스페인어에만 노출된 아기들은 별로 좋아하지 않았다. 여기까지는 모든 게 딱 들어맞는다.

그렇다면 과연 아기 이중언어자에게는 무슨 일이 일어날까? 이중언어를 사용하지만, 모국어가 카탈루냐어이고 거기에 더 많이 노출된 아기들은 카탈루냐어 하나만 사용하는 아기들처럼 주어진 과제를 해낸다. 그러나 스페인어에 더 많이 노출된 아기들은 카탈루냐어에서 허용하는 소리 사슬을 그렇게 좋아하지는 않았다. 이런 차이는 언어 자극

(inputs) 양의 변화 때문이고, 이는 생애 초기 두 언어의 음소 배열에 영향을 준다.

단어는 발견했는데, 무슨 뜻일까?

지금까지 아기들이 말의 신호를 구분하고 단어가 될 만한 소리의 연속 배열을 찾기 위해 사용하는 전략 중 몇 가지를 살펴보았다(물론 살짝 속임수를 쓰긴 했지만 말이다). 전략 중 하나는 아기가 서로 잘 붙는 소리 사슬을 알아내는지를 보는 것이고, 또 하나는 우리가 보통 '단어'라고 부르는 것을 발견해내는지를 확인하는 것이다. 초반에 언급한 독일어 문장을 보면서, 우리는 이어진 글자들의 소리 사슬은 구분했지만, 그 뜻은 몰랐다. 결국은 단어를 발견하지 못한 셈이다. 단어를 발견한다는 것은 소리 사슬에 관해 실제 대상과 연결해서 하나의 대상, 생각, 속성으로 떠올리는 것이다. 즉, 언어를 배울 때 perro(스페인어로 '개')라는 소리 배열을 알 뿐만 아니라, 이렇게 배열하면 우리에게 큰 기쁨을 안겨주는 동물이라는 것도 떠올린다.

앞에서 본 것처럼, 생후 6개월 된 아기들은 어떤 신호에서 상대적으로 자주 나타나는 소리의 특징을 잘 감지한다('투피로'[tupiro]라는 단어와 관련된 소리 사슬을 기억하는가?). 그 나이에는 대상이 아주 일반적인 사물이라는 조건하에, 소리 사슬 중 일부와 지시 대상을 연결할 수 있다. 부모가 볼 때 단어 학습에 큰 발전을 보이는 건 약 1년 6개월쯤 되었을 때다. 실제로 그때 아기들은 더 일정하고 빠른 속도(일주일에 10개)로 단어를 발견하기 시작한다. 그래서 그 기간을 '어휘 폭발 기간'이라고 부른다. 이런 관찰은 아이들이 그 나이에 소리를 낼 수 있는 단어 목록을 기준으로 한다. 그렇다고 아이들이 더 어렸을 때 그 단어들을 배우지 않았거나 그것을 말할 때 알아채지 못했다는 뜻은 아니다. 다만 여기서는 큰 소리로 말할 수 있고 들었을 때 이해할 수 있는 단어라는 의미다.

앞에서 아기들의 이러한 능력을 어떻게 알아볼 수 있는지를 예증하면서, 브리티시컬럼비아대학교의 심리학자 자넷 워커의 연구를 설명했다. 이 연구에서는 단어와 지시 대상을 연결할 수 있는 아기들의 나이를 알고자 했다. 이를 위해 연구진은 아기들이 모르는 두 단어와 이에 해당하는 두 대상을 친숙해지게 만들었다. 먼저 아기들은 새로운 단어(단어 1)를 듣는 동시에 새로운 대상(대상 1)을 보았다. 그리고 다른 실험에서 새로운 단어(단어 2)를 들려주니 다른 새로운 대상(대상 2)을 보았다. 즉, 양(sheep)과 주인을 각각 잘 연결했다. 그러나 문제는 아기들이 진짜 그것을 이해하는지 여부다. 만일 잘 이해했다면, 대상과 단어를 맞지 않게 배열했을 때 즉 양과 주인을 다르게 연결했을 때 아기들은 놀라움을 표시할 것이다.

이것이 바로 실험 내용이다. 친숙화 단계 후 아기들에게 대상과 그것에 맞는 단어 또는 다른 단어를 차례로 보여준다. 즉, 대상 1이 나타나면 단어 1(맞는 연결) 또는, 단어 2(틀린 연결)를 보여준다. 그리고 대상 2도 마찬가지로 두 단어를 각각 보여준다. 결과는 명확했다. 아기들은 대상과 맞는 단어를 보여줄 때보다 틀린 단어를 보여줄 때 사물을 더 많이 주시했다. 다른 말로 하자면, 단어와 맞지 않은 대상을 볼 때 놀라는 모습을 보였다. 그리고 이런 구별은 1세 이후의 아기에게서만 나타난다. 그전에는 일어날 수 없는 일이다.

여기까지 잘 따라왔다면, 이제 문제는 아기들의 이중언어 사용이 단어와 대상을 연결하는 능력에 어느 정도 영향을 끼치는가이다. 이들의 학습 과정이 단일언어자들과 다를 거라고 생각하는 데도 나름 이유가 있다. 아기 이중언어자들은 모든 대상을 두 언어와 연결할 수 있다. 하나는 엄마 언어로, 하나는 아빠 언어로 연결할 수 있다. 따라서 이들은 더 다양한 언어 자극을 받는다.

같은 연구진이 대상과 새로운 단어 사이의 연관성을 연구한 결과, 친숙화 단계에서 단어와 대상 사이의 연관성이 깨지면 14개월 된 아기 이중언어자와 아기 단일언어자 모두 놀라는 모습을 보였다. 이 두 그룹의 아기들은 모두 12개월 때는 별로 놀라지 않았다. 즉, 두 아기들은 공통 발달 특징을 보였다. 따라서 이중언어 경험이 대상과 단어를 연관시키는 능력에 영향을 미치는 것 같지는 않다.

그러나 아기 이중언어자와 단일언어자가 용어 학습 과정에서 사용하는 전략은 차이가 났다. 그중 하나를 바로 '상호 배타성 경험법칙'(heuristic of mutual exclusivity)이라고 한다. 이 경험법칙 또는 전략은 현실 세계의 어떤 대상 하나에는 그것을 설명하는 이름 하나만 있다는 생각을 근거로 한다. 아이에게 아는 대상을 보여주고 다른 이름으로 불렀을 때, 아이는 그 처음 듣는 단어가 모르는 대상 즉, 그 물질이나 속성과 관련이 있다고 가설을 세우게 된다. 이런 상호 배타성 원리에 따라 아이들에게는 모호함을 제거하려는 편향이 발달하고, 이것은 새로운 대상을 새로운 단어와 연결하는 데 매우 유용하다.

예를 들어, 18개월 된 아이에게 두 가지 대상을 보여준다고 가정하

자. 하나는 아이가 잘 아는 대상(토끼 인형)이고, 또 하나는 세상에 존재하지 않는 대상(코뿔소와 개구리가 섞인 모양)이다. 이때 아이에게 새로운 단어를 말해주면, 아이는 모르는 모양(코뿔소 개구리)을 쳐다본다. 이것은 마치 '새로운 단어를 들었는데, 귀가 큰 인형은 토끼라고 하니까, 이 새로운 단어는 저 다른 물건을 말하는 거겠군' 하고 생각하는 것과 같다. 이런 전략은 단어 학습에 유용하다.

하지만 아기 이중언어자의 경우는 좀 더 복잡하다. 그들이 알고 있는 사물은 '두 단어'와 연결되어 있기 때문이다. 즉, 그들이 새로운 단어를 들었더라도 다른 언어로 '토끼'라는 뜻이 될 수 있다. 결국, 상호 배타성 가설을 적용하는 것이 위험할 수도 있다. 실제로 어떤 연구를 보면 아기 이중언어자들, 특히 다중언어를 쓰는 아이들에게 이러한 모호함을 제거하려는 편향은 크게 눈에 띄지 않았다. 즉, 아기 이중언어자는 다른 단어를 말했을 때 새로운 대상을 더 오래 쳐다보지 않은 것이다. 모호함을 제거하려는 이런 편향은 부모를 통해 아이가 알게 된 단어를 '어느 정도로 번역'했는지에 달린 것 같다. 즉, 두 언어로 번역한 단어를 더 많이 알고 있으면 이런 상호 배타적 가설을 더 적게 사용하는 것으로 드러났다. 따라서 같은 대상을 다양하게 번역하는 법을 배우는 이중언어 경험이 있다면 상호 배타성 전략이 줄어든다.

이제 상호 배타성 전략을 많이 쓰지 않는 아기 이중언어자들의 상황을 보상해줄 만한 다른 전략을 알아보자. '보상'이라고 한 이유는 아기 이중언어자가 단일언어자보다 더 많은 단어를 알기 때문이다. 물론 언어별로 보면 아기 단일언어자가 이중언어자보다 아는 단어 수가 더 많다. 하지만 전체 단어 수를 생각하면 즉, 두 언어의 단어 수를 모두 합치면, 아기 이중언어자들이 더 많은 단어를 알고 있는 셈이다. 언어별로 알고 있는 단어 수가 적다고 해서 단어와 연관된 개념을 적게 안다는 뜻은 아니다. 이들은 멍멍 소리를 내는 동물 인형이 '뻬로'(perro, 스페인어) 또는 '도그'(dog)와 연결된다는 사실을 잘 안다. 실제로, 여기서 아기 단일언어자와 이중언어자는 별 차이를 보이지 않고, 단어와 개념을 비슷한 속도로 연결한다(늘 동시에 하는 건 아니지만). 따라서 걱정하지 않아도 된다. 아기 이중언어자의 단어 습득 시간이 늦어지는 건 아니다. 그저 배울 게 두 배 더 많을 뿐이다. 이 주제는 제3장에서 다시 다루도록 하겠다.

언어 학습과 사회적 접촉

고등학교 시절, 학교에 떠도는 소문이 있었다. 잠잘 때 수업 시간에 녹음한 내용을 틀어놓으면, 머릿속에 쌓인다는 소문이었다. 이런 터무니없는 말을 퍼뜨린 사람 때문에 외국어 공부에도 같은 전략이 도움이 된다는 말이 퍼졌을 것이다. 고백하건대, 나도 몇 번 그 방법을 써봤다. 그러나 내 영어 점수를 보면 전혀 효과가 없는 것 같았다. 이 이야기를 하는 이유는 아주 어렸을 때부터 자녀에게 외국어를 공부시키려는 부모가 많기 때문이다. 그들은 그저 아이에게 언어를 노출만 시켜주는 것으로도 공부에 도움이 된다고 믿는다(영어 그림책을 아이가 어떻게 잡고 보는지 살펴보라). 어쨌든 아기들이 자동으로 언어 신호에서 통계적인 규칙성을 잘 찾아낸다면, 새로운 신호를 꾸준히 노출만 시켜도 충분하다고 생각하는 게 당연하다. 그러나 안타깝지만 안 좋은 소식을 전해야 할 것 같다. 그저 언어를 수동적으로 노출하기만 해서는 별 효과가 없다. 실제로 외국어 학습에서 '사회적 상호 작용'은 아주 기본적인 표현 학습을 포함한 언어 습득에서 기본이다.

예를 하나 들어보자. 워싱턴대학교의 패트리샤 쿨은 외국어의 소리 습득에 관해 연구했다. 설계한 학습 실험에서 생후 9개월 된 영어를 모국어로 사용하는 아기 단일언어자들을 두 집단으로 나누었다. 그리고 그 아기들은 교사와 놀거나 책을 읽으면서 편안하게 시간을 보냈다. 한 집단에는 중국어(전혀 모르는 언어)를 하는 교사가 있었고, 또 다른 집단(통제 집단)에는 영어를 하는 교사가 있었다. 이 실험 후, 상호 작용을 더 원하는 아이들에 한해 약 4개월간 영어가 아닌 중국어의 음운 대조를 구별하는 능력이 어떤지 살펴보았다. 과연 중국어를 들은 아기들이 그 대조 속성을 배웠을까? 물론이다. 그들은 그 특징을 구별할 수 있었다. 통제 집단 아기들보다 더 구별을 잘할 뿐만 아니라, 10개월간 중국어에 노출된 아이들 수준으로 그 일을 해냈다.

이 결과는 매우 흥미롭다. 새로운 소리를 습득하는(또는 적어도 학습이 향상될 수 있는) 아기의 능력에 관해서는 신뢰도를 보여주기 때문이다. 정말 좋은 소식이다. 이처럼 대조적 속성을 아주 쉽게 배운다면, 교육 비용을 절약할 수 있을 것이다. 그저 다른 언어에 노출만 시켜도 아이가 그 특성을 습득할 수 있다면, 굳이 어른들과 상호 작용하지 않아도 되니 말이다.

그래서 이 사실을 더 알아보고자 연구 이후에 실험 내용을 조금 수정해서 다른 아기들과 실험했다. 이전과 달리 아기들은 텔레비전을 통해 교사를 보거나 교사와 시선 접촉을 하지 않고 녹음만 들었다. 아기가 받은 정보는 교사와 상호 작용한 집단이 받은 청각 정보와 정확히 같았다. 차이점은 사회적 접촉이었다. 즉, 그들과 상호 작용할 교사만 없었다. 과연 이때도 아기들은 외국어의 대조적인 음운 속성을 배울 수 있을까?

분명히 말하건대 '배울 수 없다.' 즉, 교사와의 상호 작용 없이 소리만 들었을 때 중국어 음운의 대조적 속성을 구별하는 능력은 이전 실험에서 영어만 들었던 통제 집단의 아기들과 정확히 같았다. 이 결과는 사회적 접촉이 외국어 학습에 중요한 요소임을 보여준다. 그리고 의사소통을 통해 상호 작용할 수 있는 환경에 있지 않고 단순히 언어만 노출시킨다면 원하는 결과를 얻지 못한다는 뜻이다. 정보를 수동적으로 받을 때보다는 누군가와 상호 작용을 할 때 아이의 집중력과 동기가 훨씬 커지기 때문이다. 따라서 만일 자녀가 외국어를 배우길 바란다면, 동영상이 그 일을 대신 해줄 거로 너무 기대하지 말고 그 언어를 사용해서 아이와 놀아주길 바란다. 즉, 고통 없이는 얻는 게 없다.

사회적 지표인 언어

우리는 자신이 지닌 다양한 특성에 따라 사회적 맥락(social context)을 서로 나누어 갖는다. 다른 사람의 피부색과 성별, 옷 입는 방식, 특히 언어에 주목하기도 한다. 언어는 사람들을 같은 편이 되게 하거나 편을 가르는 데 도움이 된다. 이것이 좋든 나쁘든 그렇게 한다. 우리는 아동이 사회적 상호 작용을 하면서 마음에 드는 사람을 선택할 때 언어가 어떤 영향을 미치는지에 관심이 있다.

다음 실험을 살펴보자. 정말 재치 있고 간단한 실험이다. 모국어가 영어인 다섯 살 아이들에게 다른 아이들이 말하는 모습을 녹화해서 보여주고, 그중에 친구가 되고 싶은 아이를 골라보라고 했다. 화면에는 두 명의 얼굴이 나란히 나타났다. 단, 여자아이 중 한 명은 영어를 하고 다른 아이는 외국어인 프랑스어를 했다. 과연 아이들은 누구를 선택했을까? 그들은 대부분 외국어가 아닌 영어를 하는 아이를 선택했다. 물론 못 알아듣는 프랑스어를 하는 아이보다는 영어를 하는 아이와 놀겠다는 선택이 당연해 보인다. 그러나 실험은 여기서 끝나지 않았다.

두 번째 실험에서는 똑같은 얼굴을 보여주되, 영어를 하는 아이와 프랑스어 억양이 섞인 영어를 하는 아이를 보여주었다. 아이들은 프랑스어 억양이 있는 영어도 다 이해하지만, 영어를 모국어로 사용하는 아이를 선택했다. 다른 식으로 말하자면, '조금이라도 우리와 억양이 다르면 우리 편이 아니야!'라고 하는 셈이다. 실제로 영어를 하지만 외국인 억양을 가진 아이와 외국어를 하는 아이를 비교했을 때도 아이들은 말을 이해한다고 그 얼굴을 더 좋아하지는 않았다.

친하게 지내고 싶은 사람을 결정할 때 중요하게 고려하는 요인 중 하나는 이처럼 사용하는 언어와 억양이었다. 그렇다면 사회적 결정을 내리는 데 이 요인은 얼마나 결정적으로 작용할까? 우리가 고려하는 변수는 무척 다양하다. 예를 들어, 매력이나 성별, 피부색이 있다. 따라서 다른 연구에서는 아이들이 친하게 지내고 싶은 사람을 결정할 때 피부색과 언어가 어느 정도 중요한지 알아보는 실험을 했다. 결과는 놀라웠다.

아이들은 같은 피부색과 같은 억양을 가진 아이들과 친하게 지내고 싶어 했다.

자, 이제 두 속성이 대립할 때는 어떤 일이 일어날까? 즉, 피부색은 같지만 외국인 억양이 있는 아이와, 피부색은 다르지만 외국인 억양이 없는 아이 중에 누구를 선택할까? 억양이 더 중요했다! 아이들은 피부색이 같지만 영어를 할 때 외국인 억양이 있는 아이보다는 피부색이 달라도 모국어처럼 영어를 하는 아이들과 더 친구가 되고 싶어 했다. 즉, 그들의 원하는 친구를 결정할 때 중요한 요소는 피부색보다 말하는 방식이었다.

지금까지는 아주 어린 시절의 언어 습득에 관한 여러 측면을 살펴보았다. 그리고 언어 구별과 통계적 규칙 파악, 음운 목록 형성, 단어 뜻 확립, 어휘 발달 등 아기 이중언어자에게 예상되는 특별한 도전을 집중해서 보았다. 그 결과, 일반적으로 이중언어 사용 경험 때문에 이런 속성을 파악하고 습득하는 시간이 더 오래 걸리는 것은 아니며, 노출된 언어의 수와는 상관없이 거의 비슷한 시간에 언어 발달이 일어난다는 사실을 알았다. 하지만 이런 특징이 어떻게 작용하는지와 이중언어자가 언어 습득 과정을 '조율'해 나가는 방법에 대해서는 앞으로 더 알아봐야 한다.

내가 볼 때, 어린 이중언어자들과 이 연구를 함께 수행해야 한다는 기본적인 어려움을 생각하면, 이 분야가 크게 발전하기는 힘들 것 같다. 두 언어를 사용하는 사람은 계속 늘어나고 있지만, 똑같은 형태로 이중언어를 사용하거나 비슷한 속성을 가진 아기 이중언어자들이 있는 사회 집단을 만나기가 쉽지 않기 때문이다. 무엇보다 가장 큰 방해물은 이런 조사가 기본임을 알지만, 이를 통해 얻은 지식이 곧바로 적용되지 않기 때문이다. 안타깝게도 많은 사람은 이렇게 말한다. “이게 다 무슨 소용이야? 아기 이중언어자가 단일언어자와 비교해서 뭘 더 하는지 우리가 왜 알아야 하지?”

하지만 이런 연구들은 확실히 가치가 있다. 앞에서 말한 비토 코를레오네는 이중언어 사용 환경이 아닌, 이탈리아의 시칠리아에서 태어났지만, 그의 자녀인 마이클과 산티노, 프레도, 탈리아는 이중언어를 쓰는 환경에서 태어났다. 따라서 그들이 언어를 습득하는 과정에서 부딪히는 도전과 어려움은 아버지의 도전이나 어려움과는 달랐다. 이런 것들은 언어 습득 과정에서 큰 도움이 된다. 비토가 엘리스섬에서 나온 후에 가정에서 벌어진 일은 언어 습득과는 상관없는 문제다. 그 문제는 이 영화를 만든 프란시스 포드 코폴라 감독이 잘 설명했다.

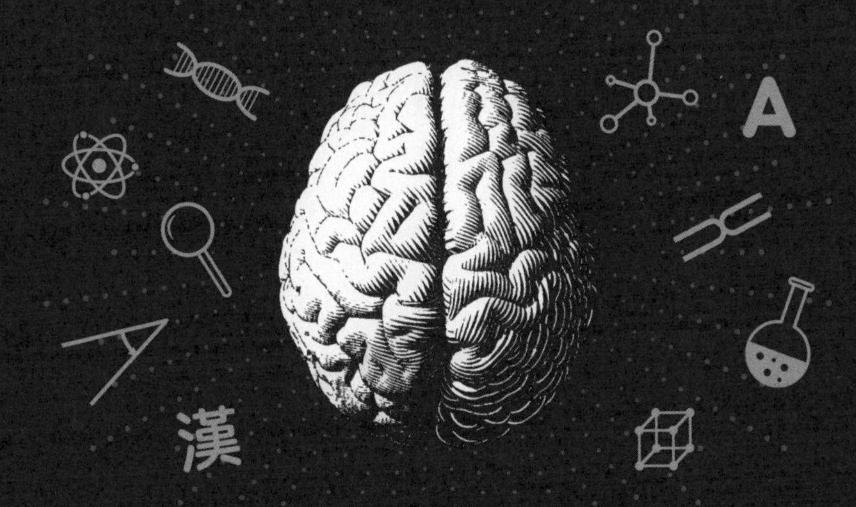

이중언어자의 뇌는 어떻게 작동하는가

진화의 결과로 수백만 종이 생겼고(대부분은 멸종되었다), 여전히 많은 특징을 서로 공유하고 있지만, 언뜻 보기에도 그 종류는 다양하다. 이런 다양성에도 불구하고 내가 좋아하는 바벨피시(babel fish: 어떤 언어라도 번역할 수 있다는 가상의 물고기-옮긴이)의 진화는 아직도 이루어지지 않고 있다. 이 물고기는 영국 작가인 더글러스 애덤스의 놀라운 책 『은하수를 여행하는 히치하이커를 위한 안내서』(책세상, 2005)에 등장하는 상상 속 동물이다.

> "이 물고기가 내 귓속에서 뭘 하는 거지?"
>
> "통역을 해주는 거야. 바벨피시라는 거지. 궁금하면 그 책에서 찾아봐." […]
>
> 바벨피시란 작고 노랗고 거머리같이 생긴 물고기로 아마도 우주에

서 가장 기이한 존재일 것이다. 그것은 자신의 숙주가 아니라 주변 대상들에서 나오는 뇌파 에너지를 먹고 산다. 이 뇌파 에너지에서 나오는 모든 무의식적 정신 주파수를 흡수해 거기서 영양분을 섭취한다. 그러고는 그 두뇌의 언어 영역에서 포착한 의식적 사고 주파수와 신경계 신호를 혼합해 만든 텔레파시 세포간질을 숙주의 정신 속에 배설한다.

이 모든 이야기의 실제적 결론은 귀에 바벨피시를 집어넣으면 어떤 언어로 이야기한 것이라도 즉시 이해하게 된다는 것이다. 실제로 듣는 언어의 패턴들은 바벨피시가 두뇌에 배설해 놓은 뇌파 세포간질을 번역한다.

세상에 이런 기이한 생물체가 정말 존재한다면, 많은 문제가 사라질 것이다. 적어도 새해를 시작할 때마다 영어 학원을 등록하고 중간에 때려치우면서 후회하는 일은 생기지 않을 것이다. 그저 저 물고기를 파는 가게에 가기만 하면 바로 해결될 테니까 말이다.

이 물고기가 한 언어를 다른 언어로 번역하는 유일한 방법은 거머리같이 생긴 물고기의 작은 뇌에 모든 것을 저장하는 것이다. 비록 이중언어 사용은 두 언어만 해당되고 전 세계 모든 언어를 사용하는 건 아니지만, '어떻게 하나의 뇌에 두 언어가 공존하는가, 그리고 두 언어를 계속 사용했을 때 어떤 결과가 나오는가'라는 의문에 대해서는 우리 모두가 궁금해한다. 이번 장에서는 이 질문과 여기 연관된 내용에 집중할 것이다.

하나의 뇌에 언어가 둘?

뇌가 고차원적인 인지 기능을 유지하는 방법, 즉 (언어를 포함한) 인지 기능의 피질 표상(cortical representation)에 관한 연구는 매우 복잡하다. 언어와 기억력, 주의력, 감정 등의 인지 및 뇌 영역에 곧바로 접근하기가 어렵기 때문이다. 이런 능력과 관련된 인지 과정은 독립적으로 움직이는 게 아니라 모두 복잡하게 얽혀 상호 작용한다. 우리가 큰 감정 자극을 받았을 때, 감정 체계와 주의 체계가 어떻게 상호 작용하는지 생각해보자. 예를 들어, 소음이 심한 파티에서 대화했던 순간을 떠올려보자. 분명 상대방에게 집중하기가 힘들고 다른 사람의 대화도 윙윙거리는 듯 들렸을 것이다. 그런 중에도 누군가가 우리 이름을 부르면 그 소리에 바로 반응했을 것이다. 즉, 주변이 모두 시끄러운 것 같아도 귀는 우리 이름을 잡아낸다. 자기 이름은 아주 높은 감정 자극이기 때문이다. 우리는 자신에 관해 떠도는 말에 아주 관심이 많다!

좀 더 복잡한 상황을 생각해보자. 뇌와 인지 능력 사이의 관계를 더 깊이 알아가다 보면, 고차원 인지 기능은 다양한 뇌 구조에 분포된 신경 회로와 관련이 있다는 점이 더 분명해진다. 즉, 뇌는 오케스트라처럼 움직인다. 이는 뇌에서 더 중요하거나 덜 중요한 영역을 구분하기 어려우니 조화를 이루어야 한다는 뜻이 아니라, 뇌와 인지 능력의 관계를 설명하기가 매우 복잡하다는 의미다(물론 오케스트라에는 리듬이나 멜로디, 하모니를 만들어내는 다양한 악기가 있는데 그 중요도나 영향력에는 차이가 있다).

수십 년간 뇌 손상 또는 실어증을 겪은 사람들의 언어 행동 연구를 통해 언어가 뇌에서 어떻게 나타나는지가 조금씩 밝혀지고 있다. 뇌 손상의 원인으로는 종양과 감염, 선천성 기형, 뇌졸중, 신경퇴행성 질환, 두부 손상 등 다양하다. 다양한 뇌 영역 손상이 어떻게 다양한 언어적 행동 특징을 낳는지에 관한 연구는 언어학과 인지심리학을 기반으로 한 언어의 인지-기능(cognitive-functional) 모델을 신경 상관물(Neural Correlates)과 연관시키는 작업에 밑바탕이 되었다.

최근 30년간 신경 촬영법 기술 발달로 인지 신경과학 영역은 눈부시게 발전했다. 이런 기술 덕분에 다양한 작업을 하는 동안 건강한 사람의 뇌 활동을 (거의) 직접 볼 수 있게 되었다. 예를 들어, 그림에 이름을 붙이거나 문장을 듣거나 주말에 할 일을 생각할 때와 글을 읽을 때 활성화되는 뇌의 회로를 비교 분석할 수 있다. 특정 영역의 산소 소비량을 측정하거나 뉴런 그룹이 만든 전기적 활성 기록을 통해 특정 작업을 하는 동안의 뇌 활동을 기록한다.

또한, 시간 및 공간의 정확도가 인정할 만한 수준이 되었다. 그리고 이런 기술 덕분에 다양한 언어 처리 영역에 관여하는 뇌의 영역도 예측할 수 있다. 이런 예측은 뇌 손상 환자의 언어 행동 연구만으로는 어려웠다. 대부분은 환자가 사망한 후에 손상 부위를 확인함으로써 가능한 일이었기 때문이다. 이제 이 연구가 하나의 뇌에 두 언어가 공존하는 사실을 이해하는 데 어떻게 도움이 되는지 살펴보자.

뇌 손상과 이중언어 사용 사례

2015년 포뮬러원 세계선수권대회 시즌 전 훈련에서 페르난도 알론소가 카탈루냐의 몬트멜로 경기장의 회전 구간 벽을 들이받는 사고가 있었다. 그 충격으로 그는 병원에 몇 주간 입원했다. 다행히도 잘 회복이 되었고 이후 계속 세계 선수권 대회에 출전했다. 그럼에도 이 사고의 원인은 명확히 밝혀지지 않았다. 얼핏 보기에는 그처럼 경험이 많은 최고의 드라이버가 그런 실수를 한 것이 이상해 보였다. 그래서 자동차의 기술적 결함에 대한 온갖 추측들이 흘러나왔다.

그런데 사고 직후에 알론소가 이탈리아어로만 말을 했고(전에 페라리 소속 드라이버였기 때문에 이탈리아어를 잘 알고 자주 사용했다), 모국어인 스페인어나 팀원들과 자주 사용했던 영어는 쓰지 않았다는 루머가 있었다. 이 뉴스가 아니었다면 이 사고에 별 관심 없이 지나갔을 것이다. 이 기사는 그의 이상한 언어 행동을 암시하고 있었다. 스페인어 손실(또는 이탈리아어 고정)에 대한 추측성 정보가 스포츠 및 일반 신문 머리기사로 실리면서, 한동안 "페르난도 알론소 이탈리아인으로 깨어나다" 등의 헤드라인이 뉴스를 장식했다. "이탈리아어를 하면서 깨어난 스페인 스포츠 선수, 페르난도 알론소 전에도 있어"라는 기사에 나는 더 놀랐다(그래서 사이클 선수 페드로 오릴요에도 관심이 갔다).

이 이야기는 두 가지 이유에서 흥미롭게 다가온다. 첫째, 페르난도 알론소의 이상한 언어 행동 때문에 많은 사람이 그 현상에 관심을 기울였고(적어도 언론계), 이것은 언어에 대한 일반적 관심, 이 경우에는 이중언어에 대한 관심이 있음을 시사하기 때문이다. 실제로 이 기사가 대중에게 영향을 끼치든 아니든 상관없이 관심을 끄는 건 사실이다. 혼수상태로 있다가 깨어난 한 미국인이 스웨덴어를 하는 사례(라 반구아르디아[La Vanguardia] 신문, 2013년 7월 17일)도 마찬가지다. 어떻게 이런 기상천

외한 일이 자주 일어나는지 신기하다. 그가 쓰러지기 전에 스웨덴어를 알고 있었는지, 조상이 스웨덴 사람인지…. 여하간 우리는 뇌 손상이 와서 갑자기 새로운 언어를 익힐 수는 없고, 언어 지식은 유전자를 통해 전달되지 않는다는 사실엔 동의한다. 어쨌든 뇌 손상이 이중언어자의 각 언어에 미치는 영향에 대한 질문은 전문가뿐만 아니라 비전문가 대상 강연에서 자주 등장한다.

알론소의 사례가 흥미로운 두 번째 이유는 그가 벌어졌던 상황을 부인했기 때문이다. 사고 이후 기자회견에서 그는 "사고 이후 모든 게 정상이었다. 나는 1995년도 상태로 깨어나지 않았다. 이탈리아어를 하지도 않았고, 사람들이 말한 것과 다르다. 나는 사고 당시 일어났던 모든 일을 기억한다"라고 주장했다. 그러나 누가, 왜 그가 몇 분 동안 이탈리아어만 했다는 말을 퍼뜨렸는지는 여전히 알려지지 않고 있다.

여기서는 이중언어자의 뇌 손상으로 오는 언어 장애에 관해 소개할 것이다. 하버드대학교에서 박사후 과정을 할 때, 신경심리학에서 많은 정보를 주는 두 가지 행동 유형이 무엇인지에 관해 알폰소 카라마차 교수에게 가장 먼저 배웠다. 첫째는, 결핍들(deficits)의 결합인데, 특정 뇌 손상으로 두 가지(또는 그 이상) 언어 장애가 함께 나타나는 유형이다. 예를 들어, 뇌 손상으로 두 언어 모두 기능 장애가 나타나는데(가령 단어 반복을 요청했을 때 문제가 생긴다), 이것을 "두 언어의 증상 결합"이라고 부른다. 이것은 뇌 손상의 결과로 두 언어가 똑같이 영향을 받는 것이다.

더 흥미로운 것은 '결핍의 분리'가 주는 정보다. 뇌 손상의 결과, 둘 중 한 언어에는 문제가 생기지만, 또 다른 언어는 멀쩡하다고 해보자. 이 환자에게서는 말의 분리가 나타난다. 예를 들어, 한 언어의 단어는 반복해서 말하지만, 다른 언어는 그렇게 할 수 없다고 해보자. 두 언어의 이런 분리 현상은 우리에게 많은 정보를 준다. 구체적인 뇌 손상이 일어날 때 이것이 인지 과정의 일부(언어 A의 단어 반복)에 영향을 끼치고, 다른 부분(언어 B의 단어 반복)에는 영향을 끼치지 않기 때문이다. 따라서 이런 과정은 언어들이 각기 다른 뇌 회로에서 유지된다는 사실, 즉 인지적인 부분에서 어느 정도 독립적임을 보여준다. 아마도 다음 비유가 이해하는 데 도움이 될 것이다. 자동차 와이퍼와 브레이크는 별개다. 따라서 하나가 고장 나도 하나는 멀쩡할 수 있다. 하지만 둘 다 전자제어시스템의 영향을 받는다. 만일 시스템이 고장 나면 와이퍼와 브레이크는 다 기능을 멈춘다. 첫 번째가 분리이고, 두 번째가 결합이다. 계속해서 이런 분리의 사례를 설명할 것이다. 이후에 다시 이중언어 사용 사례를 살펴보자(이 분리가 더 궁금하다면 이와 관련된 올리버 색스의 유명한 책들을 읽어보길 바란다).

중학생들은 언어 수업, 특히 구문 분석을 어렵게 생각하고 지루해한다. 물론 이 과목은 충분히 그럴 만하다. 문장 하나를 구문 분석 트리(주어, 서술어, 동사… 등을 표시하는 문장 구조 모형)로 정리한 모형이 기억날 것이다. 이 트리를 만들려면 문법적으로 문장 속 구조를 파악해야 한다. 이런 분석은 그저 언어를 사용하는 것과 비교했을 때 어려워 보인다. 적어도 구두법(발음을 중요시하면서 해당 외국어를 사용해 직접 습득하게 하는 방법-옮긴이)보다는 어렵다.

그렇다고 모두 복잡한 건 아니다. 아이들은 자연스럽게 명사와 동사를 구분한다. 명사와 동사는 부사나 접속사에 비해 더 쉽게 구분할 수 있기 때문이다. 자연스럽게 사물은 명사이고 행동은 동사임을 이해한다. 실제로 명사와 동사 사이의 언어적 차이는 모든 언어에 존재하고 언어 이론에서 중심 특징이다. 이 차이는 세상을 보는 시선과 개념 구조를 어느 정도 반영한다. 이런 차이가 언어를 설명하는 데 유용하다는 사실 외에 알고 싶은 부분은, 이 차이가 뇌와 어느 정도 상관관계가 있는지이다. 즉, 명사를 처리하는 신경 회로와 동사를 처리하는 신경 회로가 따로 있는지는 분명하지 않다.

뇌 손상을 입은 사람 중 대부분은 동사보다 명사를 처리할 때 더 문제가 생겼다. 또한, 반대인 환자들도 있었는데, 그들은 명사보다 동사를 처리할 때 더 문제가 생겼다. 어떤 사람들은 "건망성 실어증"을 겪는데, 이것은 뭔가를 표현하려고 할 때 심성 어휘집에 있는 단어 사용에 문제가 생기는 증상이다. 더 간단히 말하자면, 이런 증상이 있는 사람은 그렇지 않은 사람보다 "기억이 잘 안 나서 말이 입에서 맴도는" 경험을 자주 한다. 이 얼마나 귀찮은 일인가! 이런 환자들에게 그림(예를 들어, 빗자루)의 이름을 큰 소리로 말해보라고 하면, 이런 혼란을 경험한다. 그림 속 물건을 정확히 알고 있으면서도 이름을 말할 수 없는 것이다.

그러나 이런 상황을 겪는 환자들도 그 물건으로 하는 행동에 해당되는 동사('쓸다')는 생각해내고 말할 수 있다. 다른 말로 하자면, 뇌 손상은 결핍의 분리에서 설명했던 다른 범주와 비교해서 문법 범주의 표상에 더 큰 영향을 미칠 수 있다. 이런 내용을 보면 실제로 명사와 동사의 차이가 언어 이론에 영향을 미칠 뿐만 아니라, 뇌는 마치 심성 어휘집을 구성할 때 그 내용을 고려하는 것 같다. 이것은 분리 현상의 예로, 이후에 다시 살펴볼 것이다.

우리가 지금 알고 싶은 것은 뇌 손상이 이중언어자의 언어에 끼치는 영향이다. 그리고 일정하게 어떤 특징이 나타나는지도 궁금하다. 여기서 내가 제시하는 의견은 다소 논쟁의 여지가 있겠지만, 비슷한 수준과 조건을 가진 이중언어자라고 했을 때 두 언어는 비슷한 정도의 영향을 받는 것으로 나타났다. 다른 말로 하자면, 한 언어가 다른 언어보다 훨씬 더 많은 영향을 받는 경우는 흔하지 않고, 뇌 기능 저하가 일어나기 전에 두 언어로 쌓은 지식이 어느 정도였는지를 항상 고려해야 한다.

이런 관점은 논쟁의 여지가 있다고 말했다. 이중언어와 신경심리학적으로 볼 때, 회복과 영향력 측면에서 두 언어는 다양한 패턴을 띠기 때문이다. 예를 들어, 마이클 파라디스가 설명한 유형론에서는 언어적 회복 형태로 다섯 가지를 언급한다. '평행 회복 형태'는 두 언어 능력이 비슷하게 회복되는 것이다. '차등 회복 형태'는 두 언어 중 하나는 뇌 손상 이전 수준으로 회복되지만, 다른 하나는 그렇지 못한 경우다. '반대 회복 형태'는 좀 이상한 상황인데, 둘 중 하나는 회복하지만, 다른 하나는 오히려 악화된다. 그리고 '연속적 회복 형태'는 둘 중 하나가 완전히 회복될 때 다른 언어가 회복되기 시작하는 경우이다. 마지막으로 '두 언어가 섞인 회복 형태'는 두 언어가 부지불식간에 섞여서 회복에 방해가 되는 것이다.

나는 회복 사례가 불가능하다는 게 아니라(나도 이런 일이 많이 일어난다고 생각하고 앞으로도 더 살펴볼 예정이다), 그저 보통 두 언어의 상태는 나란히 악화된다는 점을 강조하는 것뿐이다. 또한, 이런 언어 분리가 일어나는 다양한 사례는 체계적인 통제 연구가 아닌, 임상 시험 관찰 내용에서 나온다(중증 환자인 사례가 많다). 물론 이 문제에 대한 상반된 연구도 있다. 먼저 이중언어를 사용하는 실어증 환자들에 관한 연구가 아주 복잡하다는 점을 짚고 넘어가야 한다. 장애 전 환자의 언어 사용 수준이 어떠했는지 정확히 알기 어려운 경우가 많기 때문이다. 여기에 더해 제2언어 습득 나이와, 어떤 언어를 더 능숙하게 했는지를 나타내는 언어 지배 수준 등의 요소도 언어 손상과 회복 형태에 영향을 미친다.

내가 볼 때 두 언어의 손상이 나란히 일어나는 경우가 가장 많은데, 이렇게 보는 데는 두 가지 이유가 있다. 첫 번째는, 나중에 더 살펴보겠지만, 신경 촬영을 통해 두 언어를 처리하는 뇌 영역 간 중첩 부분이 많이 나타났음을 확인하기 때문이다. 그런 중첩 부분이 나타나면, 두 언어가 대부분 비슷하게 영향을 받는다고 생각하는 것이 합리적이다. 두 번째는 언어 장애가 뇌의 넓은 영역이 영향을 받는 손상이기 때문에 언어들 사이에서 일어날 수 있는 분리 상태를 발견하기가 어렵기 때문이다. 따라서 원칙적으로 생각하면 각 언어 표상에 더 관여하는 특정 신경 회로가 있겠지만, 이런 차이는 아주 미세한 방법을 통해서만 확인할 수 있다.

두 언어의 평행적인 능력 저하를 보여주는 증거에 관한 몇 가지 예를 들어보자. 일요일 오후 대구 생선을 곁들인 밥을 먹다가 어머니가 나에게 던진 질문에서 내 연구가 시작되었다. 간단한 질문이었다. "내 친구가 알츠하이머 진단을 받았단다. 늘 두 번째 언어인 카탈루냐어로 말을 했는데, 이 병이 생기면 스페인어를 잃어버리는 거니, 카탈루냐어를 잃어버리는 거니?" 이 질문을 학술적인 용어로 만들어본다면, "신경퇴행성 질환이 발병하면 언어는 어떤 식으로 저하될까?" 정도일 것이다. 여기에 대한 나의 답변도 간단했다. "저도 몰라요. 그 질문에 답이 될 만한 연구가 그리 많지 않아요." 이처럼 평범한 사람들의 관심사를 듣는 것은 나쁘지 않다.

이 주제에 대한 연구들을 찾아본 후에 분명한 답이 아직 없다는 사실을 알고 나서, 나는 연구를 시작했다. 바르셀로나의 몇몇 병원 신경과와 협업하면서 스페인어와 카탈루냐어를 이중언어로 사용하는 세 집단의 언어 경쟁력을 평가했다.

이 실험 대상자는 평균적으로 두 언어를 각각 50년 이상 사용했고, 두 언어의 지식도 높았다. 그들은 대부분 바르셀로나 대도시에 살고, 일상생활에서 두 언어를 아주 자주 사용했다. 두 집단 참여자들은 알츠하이머 진단을 받았고, 표준 신경 심리 검사에서 경증 또는 중등도로 나타났다. 세 번째 집단은 경증 인지 장애이지만, 알츠하이머 진단을 받지는 않았다. 다양한 실험에서 그림을 보여주며 나타난 대상을 두 언어로 말하도록 요청했다. 먼저 그들에게 단어를 보여주고 다른 언어로 번역해서 크게 말하게 시켰다.

[그래프 1]에서 보듯 이것으로 최소한 두 가지 결과가 나타났다. 첫째, 신경심리 실험에서 점수가 낮은 사람은 언어 과제에서도 낮은 결과가 나왔다. 이건 당연한 결과다. 인지 체계의 손상이 심하면 언어 손상도 심하기 때문이다. 둘째, 인지 손상에 따른 언어 손상은 두 언어에서 똑같이 나타났다.

비록 참여자들이 더 잘한다고 말한 언어가 더 나았지만(첫 번째로 배운 언어이든 아니든, 그것이 스페인어든 카탈루냐어이든 상관없이), 두 언어의 손상은 비슷했다. 또한, 참가자들이 두 언어에서 하는 실수 유형도 비슷했다. 예를 들어, 비우세 언어에서 언어 간섭('원하지 않은 언어'로 번역)이 더 나타나긴 했지만, 손상의 형태는 서로 같았다. 다시 표현하자면, 그

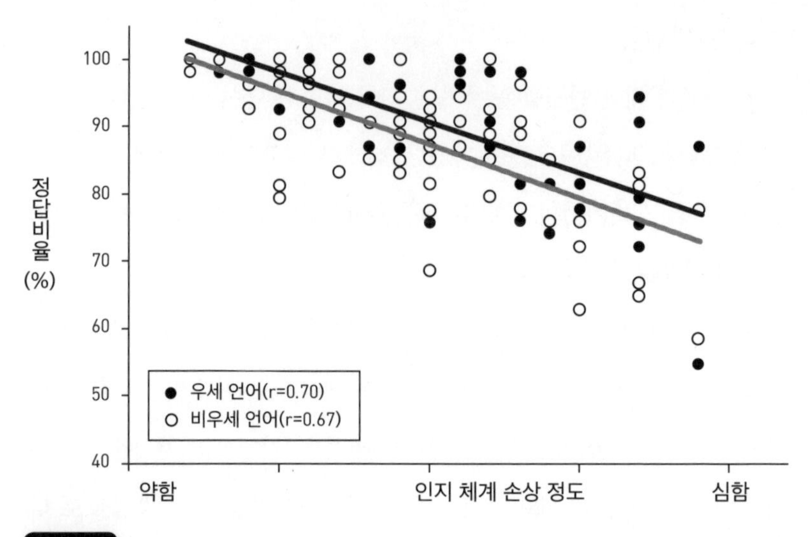

그래프 1

여러 그림을 보여주고 이름을 말하는 실험에서 확인된 정답 비율을 나타낸다. 각 원은 이 연구에 참여한 3개 집단에서 각 참여자의 점수에 해당한다. 검은 원은 우세 언어, 흰색 원은 비우세 언어의 점수다. 가로축은 표준 신경심리학 실험에서 참여자의 점수에 해당한다. 더 오른쪽에 점들이 더 많을수록, 측정 대상의 인지 저하가 증가함을 보여준다. 관찰하는 것처럼, 인지 저하가 크면 점수가 낮았다. 경사도는 두 언어가 비슷한데, 이것은 평행적 손상을 뜻한다.

질병은 두 언어를 똑같은 방식과 같은 속도로 악화시켰다. 이 결과 덕분에 어머니의 질문에는 답할 수 있게 되었다. "엄마, 아마도 친구분은 계속 쓰시던 카탈루냐어를 하실 거예요. 하지만 더 힘들어지시겠죠."

두 번째 사례는 문법 범주의 단어들이 다른 범주에 비해 훨씬 더 접근하기 어려운 것과 관련해서 전에 언급된 결핍들과 연관된다. 가령 앞에서 말한 동사와 명사 이야기를 다시 떠올려보자. 이런 분리의 원인 및 뇌가 단어 또는 어휘 항목을 나타내는 방식에 관해서는 일부만 알려져 있다. 하지만 이런 현상은 뇌가 어휘 정보를 구성할 때 명사와 동사의 문법 차원을 고려한다는 사실을 어느 정도 나타낸다. 이중언어 사용에서 문제는 두 언어가 동일한 변수나 차원을 고려해서 구성되는지 여부다. 8년 전에 이 문제를 다룰 기회가 있었다. 1차 진행성 실어증을 앓는 55세의 이중언어 사용 남성이 우리가 하는 여러 실험에 꽤 많은 도움을 주었다. 그의 병은 신경퇴행성 질환으로, 질병 초기 단계부터 언어 능력이 점진적으로 저하되는 것이 가장 두드러지는 증상 중 하나였다.

이 환자 덕분에 우리는 2년간 언어 능력의 변화를 추적할 수 있었다. 이것을 통해 질병이 악화하면서 언어 능력이 어떻게 악화되는지 평가할 수 있었다. 그의 인지 작용을 보면서 명사를 연결할 때보다 동사를 연결할 때 더 문제가 많다는 사실을 파악했다. 이런 오류는 보통 명명(命名) 장애(입에서 말이 맴도는 상태) 때문이다. 동시에 의미론적 오류도 보였다(즉, 사과 그림을 보여줬는데 '배'라고 말했다). 또한, 4세 전부터 두 언어를 배웠고 아내 및 자녀들과 카탈루냐어를 사용했음에도, 주요 언어(스페인어)보다 제2언어(카탈루냐어)에서 더 좋지 않은 결과가 나왔다.

더 흥미로운 사실은 두 언어에서 모두 명사와 동사의 분리가 나타났다는 점이다. 사실 예외적인 사례는 아니다. 이전 사례에서 관찰한 내용을 완벽하게 보완하는 것이기 때문이다. 알츠하이머를 겪는 환자는 정반대의 분리(opposite dissociation)를 보였다. 이 장애는 동사와 비교하면 명사에서 더 많이 나타났지만, 두 언어에서 똑같이 나타났다.

또 다른 비슷한 실험은 뇌가 단어 정보를 구성할 때, 문법 범주에서 두 언어에 동일한 원칙을 적용하는 경향이 있음을 보여준다. 다른 말로, 뇌에서 언어를 구성할 때 중요한 속성은 이중언어자의 두 언어에서도 중요하다. 그리고 실제로 이 결과는 건강한 이중언어자의 명사와 동사 처리 과정에서 나타난 뇌 활동을 분석한 연구 결과와도 일치한다. 또,

특정 뇌 영역별로 다양한 문법 범주 표현에 대한 관여도가 달라보였다. 여기서 가장 중요한 사실은 제2언어에서도 동일한 차이가 관찰된다는 것이다. 이 연구들은 두 언어에서 뇌 손상에 따른 언어 장애의 일반 특징들이 비슷하게 나타남을 보여주는 수많은 연구 중 하나다.

그럼에도 많은 분리를 보이는 또 다른 연구도 있다. 예를 들어, 이스라엘 하이파대학교의 라피크 이브라힘이 보고한 임상 사례를 보자. 그는 단순 포진(입술에 자주 나는 그 포진이 뇌에까지 가서 심각한 손상을 일으킬 수 있다. 완전 운 없는 경우지만!)에 의한 뇌염으로 뇌 손상을 입은 마흔한 살 남성의 언어 행동을 연구했다. 이 환자는 특히 언어 처리에 중요한 뇌 영역인 왼쪽 측두엽도 손상을 입었다. 그는 하이파시 중학교에서 생물학 선생이었고, 모국어는 아랍어였지만, 히브리어도 매우 잘했다. 배운 지 10년이 되었는데 일상생활뿐만 아니라 학교생활에서도 계속 사용했다.

연구진은 그가 손상 부위 제거 수술을 받고 2년이 지난 후에 시행한 다양한 언어 과제를 통해 그의 언어 행동을 연구했다. 그는 말을 유창하게 하지 못하고 중간중간 많이 멈추었고, 심상 어휘를 사용하는 데 혼란스럽고 난감해했다. 아랍어에 비해 히브리어를 할 때 그 유창함이 확실히 더 떨어졌다. 비록 표준시험 점수, 즉 그림의 이름을 말하는 수준이 두 언어에서 정상 이하였지만, 히브리어에서 그 점수는 훨씬 더 떨어졌다. 또한, 말을 이해하고, 글씨를 쓰고 읽는 능력도 히브리어에서 훨씬 더 떨어졌다. 그러나 신기하게도 단어들을 반복하는 과제는 둘 중 어떤 언어도 영향을 받지 않았다. 환자는 석 달 동안 두 언어 모두 집중 치료를 받았다. 둘 다 좋아졌지만, 아랍어가 훨씬 더 나아졌다. 이런 결과를 통해 연구진은 언어마다 특정 피질 중추가 존재한다는 결론을 내렸다. 참고로, 히브리어와 아랍어는 유사한 셈족어에 속한다.

두 언어 사진 찍기

이중언어자의 뇌 활동과 관련된 연구는 아주 많다. 다양한 기술(자기공명영상 실험, 양전자 단층촬영, 자기뇌파검사[MEG] 등)과 실험이 동원되며, 다양한 언어 쌍으로 연구가 진행되었다. 여기서 모든 걸 자세히 설명할 수는 없지만, 그것을 통해 발견한 내용을 핵심적으로 소개할 것이다.

20년 전 내가 박사 과정에 있을 때, 한 연구에 보조로 참여한 적이 있었다. 이중언어자의 뇌에서 두 언어가 어떤 식으로 나타나는지를 탐구하는 것이 주 내용이었다. 제2언어 습득 연령이 두 언어의 피질 표상에 어떻게 드러나는지 조사했다. 양전자 단층촬영 기술을 사용해 뛰어난 이중언어자의 뇌 반응을 분석했다. 이 실험은 이탈리아어와 영어를 사용하되, 제2언어를 좀 늦게(10세) 익힌 이중언어자, 그리고 스페인어와 영어를 사용하고 제2언어를 빨리(4세) 습득한 사람을 대상으로 했다. 우리 실험실에서는 신경 촬영법 기술을 사용할 수 없었다. 그래서 밀라노에 있는 신경학자 팀과 협업했다. 밀라노에 있는 산 라파엘 병원에서 직접 실험하기로 했다.

다음 단락은 내용이 좀 많기 때문에, 지금까지 알고 있는 내용을 바탕으로 내린 결론을 먼저 제시한 후에 자세히 살펴보겠다. 일반적으로 이중언어자의 두 언어 처리 과정과 표상에 관여하는 뇌 영역은 같다.

마치 뇌는 언어에 상관없이 또는 모든 언어에 대해 같은 방법으로 언어 신호를 처리하는 것처럼 보인다. 그렇다고 피질 표상에 차이가 없다는 뜻은 아니다. 이것은 제2언어의 습득 나이와 지식 수준, 두 언어 사이의 유사성 등의 변수에 따라 다르다. 또한, 이 변수는 아주 복잡한 방식으로 상호 작용한다. 좀 더 자세히 들어가보자.

어떤 연구에서는 이중언어자가 쓰는 두 언어의 뇌 표상을 알아보고자 자기공명영상(MRI)을 사용한 14개의 결과를 비교했다. 연구진은 참가자의 제2언어에 대한 지식 정도(숙련도)에 따라 대상을 구분했다. 이 중 8개 연구에 참여한 사람들은 제2언어에 아주 능숙했고, 나머지 6개 연구 참여자는 중간 또는 낮은 수준이었다. 이 하위 집단 중 첫 번째 집단에서는 전두측두엽 영역을 포함해 언어 처리에 관여하는 좌뇌의 기본 뇌 신경망에 활성화가 일어났다. 책 뒤편의 [이미지 1]에서 빨간색은 우세 언어(dominant language)가 활성화된 것을 나타낸다. 파란색은 제2언어가 활성화될 때를, 보라색 부분은 두 언어를 처리할 때 활성화되는 부분을 보여준다.

A판은 이중언어를 능숙하게 하는 사람에게 해당하는 사진으로, 두 언어를 처리하는 뇌 영역 간 중첩 부분이 큰 것을 볼 수 있다. 거의 모든 이미지가 보라색이다. 즉, 첫 번째 언어에 해당하는 대부분 영역에 제2언어도 반응했고, 그 반대도 마찬가지였다. 그러나 상대적으로 미숙한 이중언어자의 결과는 좀 달랐다. B판에서는 두 언어가 겹치는 부분이 적었다. 잠깐 이 차이를 분석해 보자.

처음에는 한동안 제2언어의 신경망이 첫 번째 언어보다 더 넓게 나타난다. 즉, 뇌 영역은 더 넓다. 또한, 숙련도가 다른 이중언어에서 제

2언어가 일으키는 활성화를 비교해보면, 덜 숙련된 언어를 사용할 때 마치 보상 메커니즘처럼 오른쪽 뇌가 더 필요한 듯 보인다. 결과는 흥미롭다. 좌뇌(특히 전두엽 영역)가 손상되면 좌뇌에 해당하는 기능을 우뇌의 같은 부분이 어느 정도 돕도록 유도할 수 있다는 임상 증거가 있기 때문이다.

또 다른 흥미로운 결과는 제2언어의 숙련도가 떨어지는 집단에서 좌측 상측두회(上側頭回)의 활성화 역시 떨어지는 것으로 나타난 점이다. 이 뇌 영역은 개념적 또는 의미론적 처리에 관여한다. 언어 지식이 낮을수록 이 부분의 처리 능력도 떨어진다고 해석할 수 있다. 즉, 숙련도가 매우 낮은 제2언어에서 추출한 의미 정보는 모국어에서 추출한 정보보다 당연히 적다. 그리고 숙련도가 낮은 제2언어에서도 배외측 전전두피질(dorsolateral prefrontal cortex, DLPFC)과 전방 대상피질(anterior cingulate cortex, ACC)과 같이 언어 통제에 관여하는 뇌 영역의 활성화가 많이 나타났다. 제2언어를 하게 되면 주의력이 높아진다고 해석할 수 있다. 이와 관련해서는 앞으로 여러 단락에서 다룰 것이다. 결론적으로 이런 결과는 숙련도가 낮은 제2언어 처리 과정이 훨씬 더 힘들고, 제2언어 처리에는 더 넓은 뇌 신경망이 필요함을 보여준다.

앞서 말한 내용을 보면, 보통 제2언어 수준이 언어를 배운 시기와 관련 있다고 생각할 수 있다. 물론 늘 그런 건 아니지만, 어릴 때 제2언어를 배우고 그것을 계속 사용하면 언어 능력이 높아진다. 문제는 제2언어의 피질 표상이 숙련도뿐 아니라 습득 나이에 어느 정도 영향을 받는가이다. 제2언어의 수준이 비슷하면, 습득 연령이 피질 표상에 독립적인 영향을 끼치는 것 같다. 예를 들어, 문장 이해와 같은 의미 및 문법 처리와 관련된 과제에서 비교적 늦게 (사춘기 또는 이후에) 배운 언어는 브로카 영역과 인슐라(insula: 뇌섬)와 같은 언어 관련 영역에 모국어보다 더 큰 범위에서 활성화되는 경향이 있다. 실제로 마지막 결과는 더 늦게 습득한 단어들(예를 들어, '나사돌리개')이 아주 어릴 때 배운 단어들('토끼')보다 더 많은 뉴런 활동을 일으킨다고 밝혀낸 다른 실험 결과와 일치한다. 특히, 음운 처리 과정 및 언어 운동 계획과 관련된 영역에서 더 많은 활동이 일어난다. 언어 간 이런 차이는 생후 첫해에 두 언어를 배워서 둘 다 유창하게 할 때는 나타나지 않는 것 같다.

이런 상황에서 제2언어의 피질 표상과 관련해 당연히 다음 질문이 나온다. 습득 연령과 습득 능력 중에 무엇이 더 중요할까? 즉, 뇌가 제2언어를 나타내는 데에는 어릴 때 배운 부분이 더 영향을 끼칠까, 아니면 사용할 줄 아는 능력이 더 영향을 끼칠까? 두 요소 사이에는 중요한 상관관계가 있기 때문에, 각각의 기여도를 독립적으로 평가하기는 어렵다. 따라서 이 질문에 대답하기는 쉽지 않다. 또한, 이 두 요소는 다양한 언어 측면에서 다르게 영향을 미칠 수 있다. 예를 들어, 두 언어의 의미 또는 개념 처리 과정은 습득 연령에 상관없이 제2언어의 습득 수준이 높은 사람들에게 매우 비슷하게 나타났다. 그러나 통사론적 처리 과정을 분석하면, 차이가 난다. 제2언어를 배운 나이가 습득 능력보다 더 중요했다. 따라서 아직은 어떤 변수가 제2언어 피질 표상에 더 영향을 끼치는지 쉽게 답변하기가 어렵다.

특히 제2언어 능력이 아주 뛰어나지 않은 경우, 모국어를 할 때보다 제2언어를 할 때의 뇌 활성화가 큰 이유를 설명하는 몇 가지 근거가 있다. 이런 설명은 제2언어를 통제할 때 들어가는 노력의 크고 작음, 제

2언어를 처리할 때 필요한 자동성(automaticity) 부족, 여기에 수반되는 인지적 노력, 제2언어 사용 시 언어 운동 통제에 대한 부담 등 상호 의존적인 여러 요소와 관련 있다.

언어 처리 과정의 간섭 현상을 밝히다

앞에서는 신경 촬영법 기술로 이중언어자와 단일언어자의 언어 처리에 관여하는 뇌 영역을 어떻게 살피는지 보았다. 이러한 기술로 특정한 언어활동과 관련 뇌 영역은 어디인지를 식별할 수 있다. 그러나 여기에도 몇 가지 한계는 있다. 그 기술로는 특정 작업을 수행하는 데 '필요한' 두뇌 영역을 식별하지 못할 때도 있다. 특정 과제(가령, 제2언어 처리)를 할 때 뇌 일부가 활성화되기도 하고, 어떤 경우는 먼저 뇌 일부가 활성화된 상태여야 이 과제를 수행할 수도 있다.

뇌와 오케스트라 비유를 다시 생각해보자. 바이올린 독주를 위한 협주곡을 듣는데, 튜바나 북처럼 다른 악기들이 연주된다고 상상해보자. 음악을 잘 모르는 청중이 보면, 모든 악기가 똑같이 중요하게 보인다. 그러나 여기서는 바이올린이 가장 중요하고, 튜바나 북 등 다른 악기는 부차적이다. 만일 바이올린이 빠진다면 최악의 음악회가 되고 만다.

과제를 수행하는 데 어떤 뇌 영역이 필요한지 보려면 반대로 그 영역이 올바로 작동하지 않을 때 어떤 일이 일어나는지를 중점적으로 살펴봐야 한다. 정상적인 뇌 작용이 일어나지 않는 이유나, 간섭이 생기는 원인을 봐야 한다. 현재, 특정 뇌 영역의 간섭 여부 확인에 일반적으로 사용되는 두 가지 기술은 경두개 자기자극술과 수술 중 피질 전기 자극술이다.

경두개 자기자극술은 사람의 두개골에 자기장을 생성하기 위해 금속 코일을 사용한다. 자기장은 차례로 뇌에 전기장을 만들며, 뉴런의 정상적인 전기 기능과 일시적으로 상호 작용한다. 이 자극은 고통스럽지 않고, 뉴런은 짧은 시간 후에 원래 상태로 되돌아간다. 이 기술로 뇌 영역에 간섭이 가능한데, 뇌 피질 구조를 바꿀 수 있기 때문이다. 조금 과장하자면, 건강한 사람에게 가상 병변(때로는 뇌 기능 강화)을 일으키거나, 행동 양식의 변화를 분석할 수 있다. 자극을 받은 뉴런들과 인지 기능 사이의 인과 관계를 알려주기 때문에 이것은 매우 중요하다. 기본적으로 이 기술은 우울증, 편두통, 간질 등의 치료 목적으로도 사용된다.

현재, 이 기술을 이용해 이중언어자의 언어 표상을 알아보는 연구는 그리 많지 않다. 연구자들은 특정 뇌 영역(전전두엽 피질 등)이 일시적으로 중단되면 언어 통제가 부족해져서 자신도 모르는 사이에 언어가 섞이거나 특정 언어의 접근을 더 많이 또는 더 적게 차단할 수 있음을 알게 되었다. 예를 들어, 배외측 전전두피질을 자극한 결과 언어를 선택하고 다른 언어의 간섭을 피하는 데 문제가 생겼다. 이 부분에 자극을 받은 환자는 언어 통제력을 상실한 듯 보였다. 향후 몇 년 동안은 이중언어 사용 맥락에서 이런 유형의 연구가 활발하게 이루어질 것이다.

두 번째 기술을 살펴보자. 신경과학 교과서에 가장 자주 등장하는 그림 중 하나가 바로 호문쿨루스(Cortical homunculus) 또는 펜필드의 호문쿨루스(Penfield's homunculus)라고 하는 그림이다. [그림 3]에서 볼 수 있듯이, 뇌가 우리 몸 전체와 어떻게 관련되어 있는지를 나타낸 그림이다.

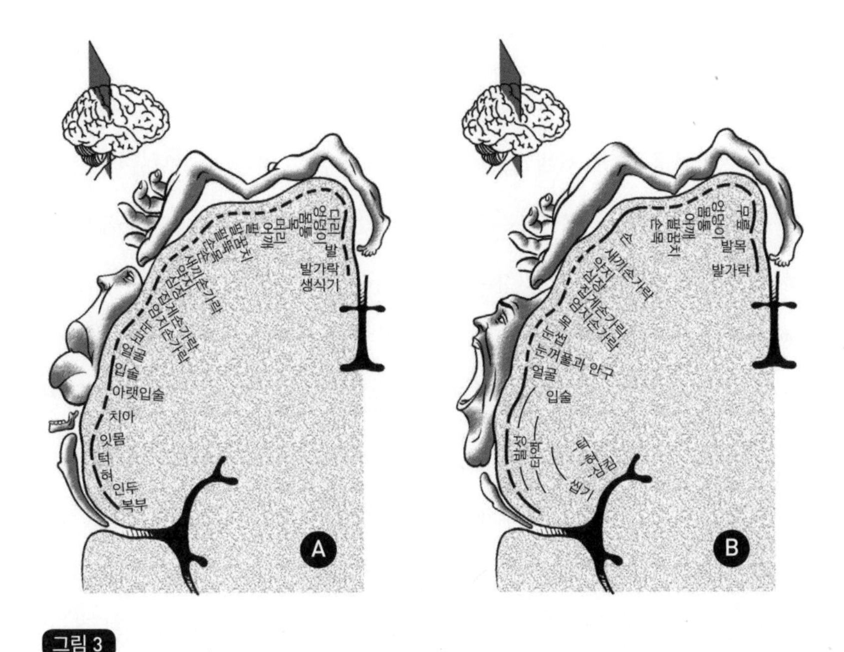

그림 3

호문쿨루스, 1차 체감각 피질(그림 A)과 1차 운동 피질(그림 B)의 해부학적 부분을 표현했다.

여기에는 운동 능력뿐만 아니라 감각 능력도 포함된다. 믿기 힘들겠지만 사실이다.

과연 이 지도는 어떻게 증명된 것일까? 수술 중 피질 전기 자극술 덕분이다. 전기 자극을 통해 특정 뇌 영역이 활성화되면, 특정 능력과 대뇌 영역의 관계를 확인할 수 있다. 캐나다 신경외과 의사인 와일더 펜필드(Wilder Penfield)가 1950년대에 선구적으로 실시한 연구 덕분에 언어와 같은 인지 능력이나 운동 능력의 신체 지도를 만들 수 있었다. 현재 이 기법은 의료 목적으로만 사용된다. 예를 들어, 신경외과 의사는 뇌종양을 제거할 때 그 수술 후 환자에게 부작용이 어떻게 나타나는지 알고 있어야 한다. 따라서 신경외과 의사는 수술 중에 언어 능력이 손상되지 않도록 신경 쓴다.

수술 중 피질 전기 자극술은 환자가 깨어 있을 때 진행된다. 외과 의사가 두개골을 열고 뇌에 접근하면 전신 마취 효과가 줄어드는데, 두피와 두개골에 국소 마취를 계속하는 동안 환자는 회복된다. 따라서 고통을 주지 않고 뇌에 전기 자극을 직접 줄 수 있다. 뇌는 고통을 느끼지 못하기 때문이다. 예를 들어, 수술 중에 손상될 수 있는 다양한 부위에 전기 자극을 주는 동안 환자에게 그림을 보여주고 이름을 말하게 시킨다. 뇌의 일부 영역에 이 자극을 가하고, 이 과제를 수행하는 데 필요한 환자의 능력은 어떻게 달라지는지 확인한다(마치 오케스트라에서 악기를 하나하나 빼면서 음악 소리가 어떻게 들리는지 확인하는 것과 같다). 만일 의사가 수술 중에 뇌에 손상을 입히면 환자는 언어 사용에 큰 문제를 겪게 되고, 결국 의사소통 능력에 막대한 피해를 가져온다. 따라서 거기에는 손을 대지 않는 게 낫다.

그렇다면 이중언어자의 두 언어사용 상황에서도 호문쿨루스와 비슷한 표를 얻을 수 있을까? 그러길 바라지만, 이는 아주 복잡한 일이다. 이중언어 사용 지역인 캐나다 퀘벡에 살던 펜필드 박사는 이런 이유로 여기에 관심을 갖지 않았을까? 그는 캐나다 신문 『몬트리올 가제트』 지에서 이중언어 교육의 적합성 또는 기타 관련 질문에 답을 했다. 이 인터뷰 기사의 제목은 "'이중언어자의 뇌', 탁월한 펜필드"였다. 수십 년 전인 1968년 6월 15일에 등장하지만 않았더라도 그다지 놀랄 만한 건 아니다. 하지만 논쟁은 여전하다! 왜 그럴까? (만일 내용이 궁금하다면, 구글 뉴스에서 검색해보자.)

어쨌든, 환자가 이중언어자라면 두 언어 영역의 지도를 만드는 일이 더 자주 일어나기 때문에, 자극을 받을 때 둘 다 혹은 둘 중 하나의 처리를 방해하는 영역을 알 수 있다. 조사 결과는 아주 모순적이다. 어떤 연구에서는 두 언어를 처리하는 뇌 영역 간의 중첩 부분이 넓었지만, 또 다른 연구에서는 이 자극이 둘 중 하나에만 영향을 끼치는 것으로 나타났다. 이 경우에는 일반적으로 모국어보다는 제2언어 처리하는 데 관계된 영역이 더 많았다. 우세 언어를 할 때는 비우세 언어를 할 때보다 처리 과정에서 신경 자원이 덜 필요해 보였다.

워싱턴대학교에서 티모시 루카스와 동료들이 시행한 연구가 『미국신경외과학회지』(*Journal of Neurosurgery*)에 실렸다. 간질 환자 22명이 모국어와 제2언어로 그림의 이름을 말하는 과제를 할 때 방해하는 뇌 영역의 지도가 그려졌다. 그들 중 대부분(21명)에게서 모국어 또는 제2언어 중 어느 한 언어에 특별히 간섭하는 뇌 영역이 감지되었다. 그런데 환자 중 절반에게는 적어도 두 언어 표상에서 공통 영역이 나타나고, 자극을 받은 영역은 두 언어의 처리 과정에 간섭을 일으킨다는 사실이 감지되었다.

마지막으로, 이 연구에서는 이중언어자의 언어 구성을 단일언어자 110명의 언어 구성과 비교했는데, 예상대로 매우 유사한 결과가 나왔다. 이 결과에 대한 연구진의 해석은 다음과 같다.

첫째, 두 언어의 피질 표상 사이에는 어느 정도 기능적 분리가 나타나는 것 같다. 즉, 모국어를 처리하는 기본 영역과 제2언어를 처리하는 기본 영역이 따로 존재한다. 둘째, 두 언어 처리에 함께 관여하는 특정 영역도 있다. 셋째, 모국어와 관계된 피질 표상은 단일언어자의 피질 표상과 비슷해 보인다. 이것은 제2언어 학습이 모국어의 피질 표상을 크게 바꾸지 않는다는 뜻이다.

이런 연구를 통해 인지 과정에서 관련된 뇌 영역에 관한 보다 직접적이고 정확한 정보를 얻게 되었다. 특히, 전기적 활성 기록과 전극 이식을 통한 뇌 자극으로 환자들의 언어적 행동을 좀 더 철저하게 조사할 수 있게 되었다. 이런 이식은 의학 기준에 맞고, 종종 통상적인 약물치료로 충분한 성공을 거두지 못한 환자들의 간질 발작 원인을 알아보는 데 쓰인다. 이제 신문에서 관련 기사가 더 많이 보일 것이다.

이중언어자는 저글링 곡예사

한 번이라도 외국어 학습에 도전해봤다면, 용감하게 외국인에게 말하려고 했을 때 특정 표현이 떠오르지 않거나 입으로 튀어나오지 않아 무척 곤란한 감정을 겪어보았을 것이다. 이럴 때면 분명 뭔가를 말하고 싶고, 단어도 알고 있는데 입을 벌리면 얼음이 되니 속수무책이다. 또한 틀린 문장이 조합되어 입에서 튀어나오기도 한다. 그리고 우세 언어의 엄청난 간섭도 받는다. 그렇다고 실망할 필요는 없다. 모두가 이런 경험을 한다.

한편, 유창함의 문제도 생기는데 제2언어 사용을 조절하기 어렵기 때문이다. 단어와 문법 구조에 접근하기 어려울 뿐만 아니라, 모국어가 끼어들기도 한다. 얼마 전에 한 친구가 이런 간섭에 관한 사례를 공유했다. 스페인 바르셀로나를 방문한 관광객들은 가장 먼저 사그라다 파밀리아 성당을 찾는다. 내 친구는 길을 잃어 우왕좌왕하는 관광 팀에게 영어로 길을 설명했다. 그러자 그들은 그녀에게 "땡큐"라고 말했고, 이에 그녀는 아주 공손하게 "데 낫씽"(de nothing)이라고 대답했다(이에 맞는 스페인어 답변은 '데 나다'[de nada]인데, '나다'[nada]가 영어의 '낫씽'[nothing]에 해당함-옮긴이). 데 낫씽? 이런 표현은 그녀가 영어를 몰라서가 아니라, 두 언어를 통제하지 못했기 때문이다. 물론 내 친구는 이것이 영어 표현이 아님을 알고, 어떤 말로 공손하게 답해야 하는지도 알았다. 그냥 간단하게 "유어 웰컴"이라고 답해도 되었는데, 그녀의 혀가 뇌의 말을 듣지 않았던 것이다.

내 친구만 이런 혼란을 겪는 게 아니다. 어른이 되어 제2언어를 공부한 사람들은 언어 표현뿐만 아니라, '언어 통제'라는 특별한 기술을 습득해야 한다. 효과적으로 의사소통하기 위해, 즉 "데 낫씽"(de nothing)이 아닌 "유어 웰컴"(you're welcome)이라고 대답하기 위해 기초적인 일이다. 그렇다면 어떻게 그 기술을 습득할 수 있을까? 이미 모두가 답은 알고 있다. 바로 꾸준한 연습뿐이다.

2개 국어를 유창하게 한다는 것은 곧 저글링에 비견된다. 상황이 허락한다면 특별한 어려움 없이 대화에 집중하고, 다른 언어 표상에 따른 간섭도 피할 수 있을 것이다. 따라서 영어와 스페인어를 사용하는 이중언어자가 영어만 하는 사람과 대화하면서 대화 중에 스페인어 단어가 튀어나오거나 번역 오류가 생기는 일은 드물게 나타난다. 즉, 영어 대화에 스페인어가 '슬며시' 미끄러져 들어오는 것과 같은 실수 말이다. 이런 일이 자주 생긴다면 (그 두 언어를 다 알지 않는 한) 이중언어자와의 대화는 불가능하고 이중언어 사용은 개인의 의사소통 능력에 분명 문제를 일으킬 것이다. 즉, 우리가 매번 무의식적으로 두 언어의 음운론적,

통사론적, 어휘적 표상들을 뒤섞는다면 대화를 유지할 수 없다.

이중언어자는 대화하는 동안 두 언어의 요소를 섞어 사용하다가 언어가 바뀔 때가 많다. 이런 현상을 "코드 전환"(Code-switching: 말하는 도중에 언어나 말투를 바꾸는 것) 또는 "코드 변화"라고 부른다. 하지만 이런 행동은 무작위로 일어나지 않고, 대부분은 언어 통제에 실패한 것으로 보이지도 않는다. 오히려 코드 전환은 또 다른 형태의 의사소통 문제에 속한다.

대부분의 코드 전환이 특정한 문법적 제약을 따르기 때문에, 언어 통제 오류로 간주될 수는 없다는 점은 매우 흥미롭다. 즉, 이런 변화는 매우 체계적인 규칙을 따른다. 예를 들어, "No sé dónde he dejado las keys"("열쇠들[keys]을 어디에 두었는지 모르겠다")라는 문장을 생각해보자. 여기서 스페인어 복수 관사인 "라스"(las)는 영어 "키즈"(keys)의 복수형에 맞춘 것이다. 이런 현상에 관해 더 궁금하다면, 인터넷에서 "이중언어 코드 전환"(code change in bilingual)이라는 용어를 검색해보길 바란다.

이중언어자는 원하는 언어에 집중할 수 있을 뿐만 아니라, 둘 중 하나로 대화를 유지할 수 있다. 물론 이런 경험을 한 번도 해보지 못했다면 이해하기 어려운 개념이다. 실제로 단일언어만 사용하는 많은 사람은 이런 상황이 생기면 놀라거나 짜증이 나기도 한다.

이런 상황을 떠올려보자. 가족 다섯 명이 식탁에 앉아 식사하고 있다(메뉴는 껍질콩과 크로켓이다). 아버지가 아내와 아들과 대화할 때는 스페인어를 하지만, 딸과는 카탈루냐어로 말한다. 또, 딸은 아버지와 카탈루냐어로 이야기하지만, 다른 사람과는 스페인어로 이야기한다. 아들과 어머니는 두 언어를 다 이해할 수 있다. 그러나 할머니를 포함한 나머지 가족들과는 스페인어로만 대화한다. 할머니는 카탈루냐어를 이해하긴 하지만 스페인어로만 말한다. 이런 상황을 우리는 이중언어 대화라고 한다. 즉, 지속적이고 규칙적으로 언어가 섞이는 대화다. 이는 별다른 기준 없이 무작위로 하는 게 아니다. 이러한 '질서 정연한 혼합'이라는 상황이 이상해 보일 수도 있지만, 생각보다 자주 일어난다.

눈치 챘겠지만, 위에서 예로 든 가족은 내가 나고 자란 가족 환경이다. 언뜻 보기에, 이중언어로 하는 대화는 모순적이다. 식탁에 있던 모두가 두 언어를 알고 있으니, 어떤 언어로 말할지 미리 결정하거나 중간에 언어를 바꾸지 않고 대화하는 게 더 쉽고 편하지 않을까? 언어 선택이 어렵다면, 하루 걸러 사용하면 된다. 결국은 둘 다 사용할 수 있기 때문이다. 이중언어를 유창하게 하는 사람에게는 이런 식으로 대화를 유지하는 게 별로 어렵지 않아 보인다. 실제로, 어떤 언어를 사용할지 결정했다면, 그와 다른 언어로 말하는 것은 어려워진다. 만일 당신이 두 언어를 알고 있는데, 이 말이 믿어지지 않는다면 자주 사용하지 않는 언어로 친구와 얼마나 계속 이야기를 나눌 수 있는지 확인해보라.

따라서 상대방에 따라 언어를 바꾸는 것보다, 누군가와 이야기하면서 익숙하게 사용했던 언어를 중간에 바꾸는 게 더 힘들어 보인다. 즉, 누군가와 대화할 때 사용했던 특정 언어 대신 다른 언어로 이야기하라면, 종종 자기도 모르는 사이에 평상시 썼던 언어가 튀어나온다. 예를 들어, 영어와 스페인어를 동시에 사용하는 친구들 사이에서 영어만 하는 사람이 등장하면, 모든 사람이 영어를 사용하려고 한다(예의상이 아닌 의사소통을 잘하려고). 그런데 여기서 두 친구가 스페인어로 대화하는 실수를 한다면, 불편한 상황이 발생한다. 믿기 힘들 수 있겠지만, 대부분의 이런 언어 전환은 비자발적이기 때문에 특정 사람을 제외하려는 의도는 전혀 없다. 사실 이런 유사한 상황은 단일언어 사용에서도 나타날 수 있다. 예를 들어, "Encontrémonos en el mostrador de facturación para hacer el check in."("체크인을 위해 탑승수속대에서 만납시다")라는 스페인어 문장을 생각해보자. "수속을 위해"(para facturar)라고 말하면 안 되는 걸까?(스페인어와 영어를 혼용한 'hacer el check in'[체크인하다] 대신 동사 'facturar'[수속하다]라는 동사를 사용할 수 있다-옮긴이) 이런 예도 실제로 자주 발생하는 일이고, 같은 맥락에서 다른 언어를 자주 사용할 때 단어를 바꾸는 것이 얼마나 어려운지를 잘 보여준다.

이 모든 설명을 종합하면 이중언어자는 저글링하는 곡예사와 같다고 생각하기에 충분하다. 매우 정교하게 두 언어를 사용해야 하기 때문이다. 이들은 대화하면서 한 언어에 집중하면서 다른 언어와 섞이는 것을 통제한다. 동시에 두 언어를 쓰는 대화에서는 한 언어에서 다른 언어로 자유자재로 바꿀 수 있어야 한다. 그렇다면 그들은 어떻게 이렇게 할 수 있는 걸까?

언어학자들의 빠지지 않는 관심사가 바로 이중언어 처리 과정 중 언어 통제와 관련된 신경과 인지 과정 연구이고, 이 주제에 대한 관심은 최근 20년 동안 특히 더 증가했다. 가장 먼저 확인할 것은 대화 시 사용하지 않는 '비사용 언어'의 표상에 무슨 일이 일어나는가이다. 좀 더 간단하게 말하면, 스페인어와 영어를 사용하는 이중언어자가 영어(사용 언어)로 대화할 때, 스페인어(비사용 언어)의 표상에는 무슨 일이 일어날까? 만일 언어 사용이 스위치 사용법처럼 간단해서, 사용하기 싫은 언어는 '끄고', 원하는 언어를 '켜기'가 쉽다면 별로 문제가 안 될 것이다.

즉, 이런 시스템에서는 비사용 언어의 활성화를 막을 수 있기 때문에, 이중언어자는 기능적인 측면에서 단일언어자처럼 살아갈 수 있다.

하지만 현실은 좀 더 복잡하다. 수많은 연구에 따르면 당신이 이중언어자라면 무슨 언어를 사용하든지 상관없이 두 개의 언어가 '동시에' 활성화된다. 그중 한 연구를 설명하려고 한다. 무엇보다도 이 연구 과정이 흥미롭다.

이 연구는 영국 웨일즈, 뱅거대학교의 기욤 티에리 교수팀이 시행했다. 연구 목적은 이중언어자가 하나의 언어로 작업할 때 비사용 언어 표상이 어느 정도로 활성화되는지를 평가하는 것이었다. 다른 말로 하자면, 지금 사용하지 않은 언어가 '꺼져' 있는지, 아니면 계속 '켜져' 있는지를 알아보기로 했다.

수행 과제는 간단했다. 한 화면에 두 단어를 차례대로 보여주면 참가자들은 두 단어의 뜻이 관련 있는지 말해야 한다. 관련이 있는 조합(train-car, 기차-자동차)도 있고, 관련이 전혀 없는 단어 쌍(train-ham, 기차-햄)도 있었다. 참고로 이 과제는 영어로만 진행되었고, 참가자들은 웨일즈에 사는 중국어와 영어를 매우 잘하는 이중언어자들이다. 그러나 의미 관계를 판단하는 과제는 사실 그렇게 중요하지 않았고, 사실은 관심을 다른 곳으로 돌리기 위해 도입한 것이었다.

흥미로운 조작은 이제부터 시작이다. 화면에 표시된 단어 쌍의 절반은 중국어로 번역하면 그 모양이 비슷했고, 나머지 절반은 아니었다. 예를 들어, train-ham(기차-햄)을 중국어로 하면 火车-火腿(Huǒchē-Huǒtuǐ)이다. 이 단어들은 모양이 비슷해서 사람들이 볼 때, 형식상 관련이 있다고 생각할 수 있다. 반대로, train-apple(기차-사과)은 중국어로 하면 火车-苹果(Huǒchē-píngguǒ)로 모양이 비슷하지 않아서 형식상 관련이 없다고 여길 수 있다. 그러나 이 실험에서는 영어 알파벳으로만 표현하고, 중국어로는 쓰지 않았다.

연구진은 참가자들이 단어를 영어로 읽으면서, 자동으로 중국어로 번역(비록 무의식적이라고 해도)한다고 가정했다. 즉, 사용 언어(영어)를 처리하는데, 비사용 언어(중국어)도 함께 활성화된다고 봤기에 두 개의 단어 쌍에서 다른 결과가 나올 것이라고 예상했다. 행동 단계에는 다른 결과가 나오지 않았고, 참가자들은 두 단어 쌍에서 같은 속도로 같은 오류를 범했다. 누군가는 이것을 실패한 실험이라고 생각할 수 있지만, 속단은 금물이다. 참가자들이 과제를 하는 동안, 연구진은 뇌전도로 두뇌의 전기적 활동을 기록했다. 이 신호를 분석한 결과, 뇌 반응은 중국어에서 모양이 닮지 않은 단어 쌍을 대할 때보다 닮은 단어 쌍을 대할 때 크게 달라졌다. 이 과제가 오직 영어로 된 자극임을 잊지 말자!•

이런 결과는 이중언어자가 언어를 처리할 때 마치 전구처럼 다른 언어를 '끄는' 게 불가능하다는 사실을 보여준다. 반대로 말하자면, 언어 처리 과정에서 어느 정도는 둘 다 켜져 있는 것 같다. 그렇다면 우리는 어떻게 혼란 없이 이 둘을 섞을 수 있을까? 이처럼 통제의 문제는 좀 더 복잡하다.

이 분야의 논문에 나온 통제 모델을 하나하나 살펴보지는 않을 것이다. 여기서는 이중언어자의 언어 통제 방법을 이해하기 위해 가장 많이

• 이 방법이 익숙한 독자들에게: 이런 차이는 어휘-의미론적 영향이 자주 감지되는 특정 시간대에서 나타났다(N400 즉, 자극을 보았을 때 400밀리초 이후에 발생함).

사용되는 실험 중 하나를 소개하고 싶다. 내가 선택한 방법은 언어 변경(language change) 패러다임이다. 나 자신이 10년 동안 사용하고 있기 때문에, 독자들에게 어느 정도 설명할 수 있다. 게다가 집에서도 충분히 할 수 있는 실험이다. 내용이 좀 길어지겠지만, 연구 결과가 참으로 놀랍기 때문에 소개할 가치는 있다.

이중언어자의 언어 통제를 연구하는 방법 중에는 한 언어에서 다른 언어로 바꾸는 과제를 통해 행동 패턴과 대뇌의 상관관계를 탐구하는 것이 있다. 예를 들어, 다음 활동을 살펴보자. 참가자에게 그림들을 보여주고 그림을 표현하는 단어를 큰 소리로 말하도록 요청한다. 이 그림들은 파란색 또는 빨간색 액자로 나타난다(단, 색상 자체는 중요하지 않다). 참가자는 액자 색깔에 따라 지정된 언어로 말해야 한다. 예를 들어, 참가자가 스페인어와 영어를 할 때, 파란 액자 그림이 나타나면 스페인어로 말하고, 빨간 액자 그림이 나타나면 영어로 말한다.

여기서 함정은 액자 색깔이 계속 변한다는 사실이다. 두 개 또는 그 이상의 그림이 같은 색 액자로 연속 나타나거나, 액자 색깔이 계속 변할 수 있다. 예를 들어, 자동차(빨강), 우산(빨강), 의자(파랑), 꽃병(파랑), 책상(빨강)의 순서대로 나온다고 생각해보자. 즉, 이럴 때 정답은 "car, umbrella, silla, vaso, table"이다. 이런 식으로 다른 자극을 주면서 테스트를 한다. 이 경우는 예를 들어, silla(스페인어로 '의자') 전이나 후에 같은 색 액자를 보여줌으로써 paraguas(스페인어, '우산') 또는 vaso(스페인어, '컵')라는 같은 언어를 말하도록 테스트할 수도 있다. 이런 경우를 '반복 테스트'라고 한다. 사용하는 언어가 같기 때문이다. 또, 의자는 파란색, 책상은 빨간색으로 이전 그림과 다른 색 액자의 그림을 사용하는 실험

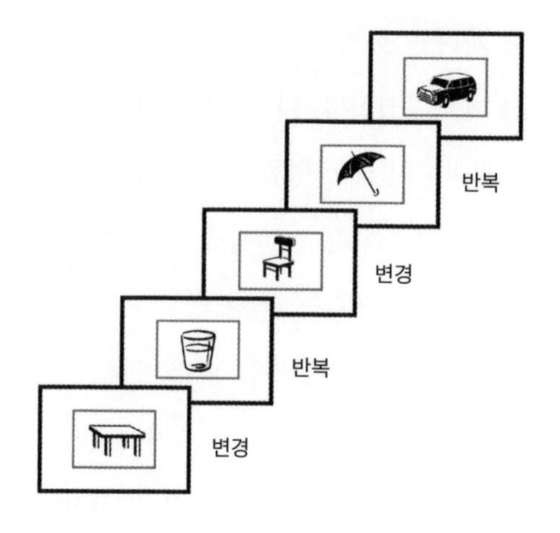

그림 4

언어 변경 활동 그림. 참가자는 각 그림의 물체를 큰 소리로 말한다. 그림 액자 색깔에 따라 그들이 사용하는 언어가 결정되는데, 그렇게 하여 사용하는 언어가 반복되거나 바뀌는 것이다.

도 있다. 이런 경우를 '변화 테스트'라고 한다. 이전 그림에 사용된 언어와 다른 언어로 바뀌기 때문이다.

이제 늘 하는 것처럼 참가자들이 그림을 보고 말하는 속도(밀리초)와 나타나는 오류율을 측정해보자. 설명이 다소 복잡해 보이지만, 집에서 해보려면 꼭 들어야 한다. 우선 가위, 유리, 연필 등 여섯 가지 평범한 물건을 선택해 참가자 눈에 띄지 않게 둔다(가령, 탁자 아래). 이제 참가자에게 물건을 보여주고 가능한 한 빨리 이름을 말하도록 요구한다. 오른손으로 물건을 들면 모국어(스페인어)로 해야 하고, 왼손으로 하면 제2언어(영어)를 사용해야 한다. 손을 사용해서 무작위로 물건을 보여준다. 만일 참가자가 실수를 했다가 바로 언어를 바꿀 정도로 속도가 따라갈 만하면, 우리가 찾는 결과를 쉽게 얻을 수 있다. 언어를 바꾸기 힘든 경우에는 실수한 참가자의 웃음소리가 더 많이 들릴 것이다. 그렇게 더 많이 웃게 만들려면, 제2언어에 그다지 능숙하지 않은 참가자를 선택하면 된다.

이 과제를 통해 발견한 것이 몇 가지 있다. 첫째, 참가자는 언어를 바꾸는 변화 테스트보다 같은 언어를 이어서 하는 반복 테스트를 더 잘한다. 즉, 두 가지 테스트에서 단어를 말하는 시간에 차이가 났는데, 이것은 한 언어에서 다른 언어로 바꾸는 데 시간이 걸리고 노력이 더 필요함을 보여준다. 이것이 "언어 변경 비용"이다. 물론 이런 결과가 그리 놀라운 건 아니다.

그렇다면 이중언어자의 사례에서는 변경 비용이 같을까? 위에서 설명한 실험을 모국어인 스페인어와 유창하지 않은 제2언어인 영어로 해본다고 가정하자. 모국어에서 제2언어로 바꿀 때(즉, 스페인어에서 영어)와 제2언어에서 모국어(영어에서 스페인어)로 바꿀 때, 둘 중에 무엇이 더 힘들까? (빨리 대답하지 말고 시간을 갖고 생각하길 바란다.) 예상컨대 당신은 분명 틀린 답을 선택할 것이다. 내가 가르치는 학생들도 대부분 틀리게 답한다.

언어 변경 비용은 비우세 언어에서 우세 언어(이 경우는 제2언어인 영어에서 모국어인 스페인어)로 바꿀 때 더 컸다. 즉, 변경 비용은 비대칭적이다. 비우세 언어보다 우세 언어로 바꿀 때 더 크게 나타났다(이것을 "언어 변경 비용의 비대칭"이라고 한다). 우리에게 익숙하고 쉬운 말로 바꾸는 것이 어려운 말로 바꾸는 것보다 비용이 많이 들다니, 정말 아이러니이다. 혹시 정답을 맞힌 독자가 있다면 축하한다. 물론 틀렸다고 걱정할 필요는 없다. 나도 틀렸다.

이것이 과연 어떤 의미일까? 이 비대칭성은 언어 통제가 '억제 과정'

에 기반한다는 생각을 지지하기 위해 계속 사용되고 있다. 즉, 한 언어로 말하고 싶을 때, 다른 언어 표상이 활성화되는 것을 줄이는 과정을 거쳐야 한다. 비우세 언어에서 우세 언어로 이동하는 데 더 큰 비용이 드는 것은 각 언어에 적용되는 억제량이 다르기 때문이다. 따라서 비우세 언어로 그림을 보여주고 말하면, 우세 언어의 억제량이 많아질 것이다(침입을 막기 위해서). 그리고 그다음 테스트에서 우세 언어로 바꿔야 하면, 비용이 더 많이 들 것이다. 이전 테스트에서 했던 모든 억제량을 다시 복구해야 하기 때문이다.

비우세 언어에 적용된 억제량은 상대적으로 적다. 따라서 다음 테스트에서 복구할 비용이 적게 든다. 그래서 우세 언어로 넘어갈 때가 비우세 언어로 넘어갈 때보다 변경 비용이 더 크다. 사실, 이런 비대칭 비용 현상은 언어적 맥락에서만이 아니라, 언어를 사용하지 않는 주의력 활동에서도 나타난다. 따라서 한 번에 두 가지 일을 한다고 할 때, 우리에게 더 쉬운 일로 돌아올 때 더 힘이 드는 사실은 언어적 특성뿐만 아니라, 인지 체계의 속성인 것 같다.

이 내용까지 잘 따라왔다면, 좀 더 비슷한 수준의 이중언어자, 즉 두 언어를 비슷한 수준으로 구사하는 사람들에게는 어떤 일이 일어날지 궁금할 것이다. 언어 변경 비용의 크기가 각 언어에 적용되는 억제량의 차이 때문이라고 한다면 두 언어의 수준 차이가 크면 클수록 우세 언어에 적용되는 억제량이 커진다. 따라서 언어 간 수준 차이가 작을수록 비대칭도 더 작아야 한다. 더 분명히 말하자면, 두 언어의 수준이 비슷한 이중언어자는 언어 변경 비용 크기도 비슷할 것이다. 이것은 몇 년 전에 우리 연구소에서 카탈루냐어와 스페인어 사용자들과 바스크어와 스페인어 사용자들 중 두 언어가 비교적 비슷한 수준인 사람들을 대상으로 실험해 관찰한 결과이기도 하다. 즉, 두 언어를 비교적 비슷한 수준으로 할 때는 둘 중 어느 언어로 변해도 그 비용이 비슷했다. 그들은 진정한 곡예사들이다.

이중언어자의 두 언어 학습과 통제 방법에 관한 주제는 오늘날 학계에서 가장 인기 있는 주제 중 하나다. 여기서는 실험적인 관점에서 접근한 방법을 소개했다. 안타깝게도 두 언어를 통제하는 방법에 대한 최종 답변은 아직 줄 수 없다. 지금도 연구 중이기 때문이다. 하지만 두 언어에 대한 지속적인 통제는 다른 인지 능력 발달에 부수적인 피해를 주는 것 같다. 이 문제는 제4장에서 계속 다룬다.

뇌의 언어 통제 방식

앞에서 뇌 손상 때문에 언어 처리에 어려움을 겪는 일부 이중언어자의 행동에 대해 설명했다. 일반적으로는 두 언어의 사용 능력이 동시에 저하되었다. 마치 언어 중 하나에 집중하지 못하고, 자기도 모르는 사이에 언어들을 '섞어놓는' 것처럼 보인다. 그러나 뇌 손상이 언어 표상에 별 영향을 주지 않고, 사용자가 언어를 자발적으로 통제하는 경우도 있다. 이런 언어적 행동과 손상된 뇌와의 관계에 대한 연구는 이중언어자들의 언어 통제를 담당하는 신경 회로에 관해 더 깊이 이해하는 토대가 되었다. 실제로 언어 통제의 부족으로 언어 표상이 손상될 뿐만 아니라 그것을 처리하는 능력까지 잃는 데 따른 영향을 조사하는 연구가 점점 늘고 있다. 앞에서 말한 드라이버 페르난도 알론소의 사례가 사실이라면 그것이 바로 언어 통제력 상실의 사례다.

이 주제에 대한 가장 완벽한 모델은 아마도 주빈 아부탈레비와 데이비드 그린이 10년 전에 국제학술지 『신경언어학 저널』(*Journal of Neurolinguistics*)에 발표한 내용일 것이다(그림5). 이 모델은 언어 통제와 관련된 몇 가지 측면에 관여하는 몇몇 뇌 영역을 나타낸 것이다. 특히 이 능력과 관련된 것은 미상핵(caudate nucleus)과 같은 하부피질 영역이다. 따라서 병적 언어 변경 또는 언어 혼합 현상이 생기면 그 영역이 악화된다.

뇌출혈로 인한 언어 장애로 고통받는 10살 소년에 관한 사례를 보자. 피터 마리엔과 그 연구진이 공개했다. 아이의 모국어는 영어지만, 2살 반 때부터 네덜란드어를 배워 친구들과 대화했고 학교에서는 이

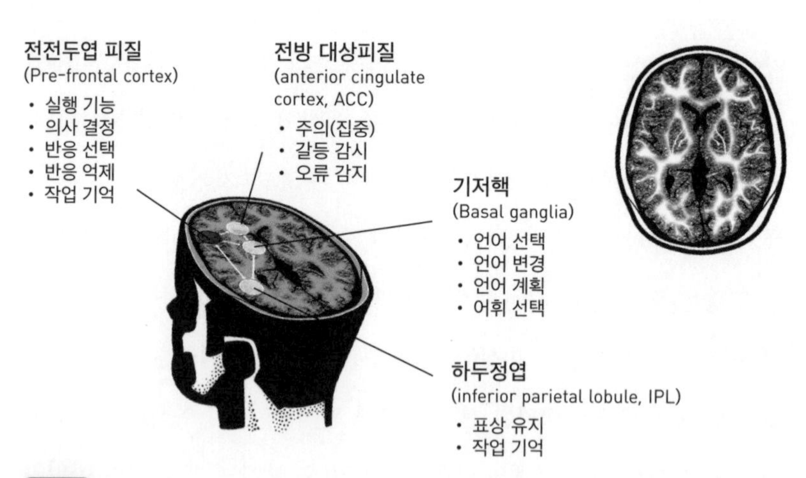

그림 5

이중언어자의 언어 통제 담당 뇌 신경망. 아부탈레비& 데이비드 그린 모델(2007년).

언어를 사용했다. 뇌출혈 이후에 소년은 두 언어의 자발어(spontaneous language: 시키지 않아도 일상적으로 사용하는 언어-옮긴이)에 문제가 생겼다. 즉, 대화를 유지하는 데 어려움이 생긴 것이다. 특히, 그는 언어 통제력을 잃어버리고 무작위로 두 언어를 섞는 것처럼 보였다.

신경 촬영법 검사 결과, 미상핵을 포함해, 여러 뇌 영역에서 비정상적인 혈류(의학 용어로 관류저하[hypoperfusion])가 나타났다. 이런 비정상적인 혈류로 이 영역이 제대로 작동하지 않아 문제가 발생했던 것이다. 다행히도 6개월 후에 전두엽과 좌측 미상핵 부분에서 혈류가 정상으로 돌아왔지만, 언어 처리에 관련된 다른 뇌 영역은 그렇지 못했다. 그리고 6개월 후, 소년은 자기도 모르게 영어와 네덜란드어를 섞는 일을 멈췄다. 그러나 여전히 두 언어 사용에 모두 문제가 있었다. 두 언어를 섞지는 않았지만, 유창하게 사용하지 못했다. 연구진은 이 소년의 증상과 그의 뇌 손상 사이의 관계를 전두엽과 하부피질 영역(가령, 미상핵) 사이의 관계가 이중언어자의 언어 통제 책임에 관여한다는 증거로 해석했다. 하부피질 구조에서 뇌 손상을 입은 환자들의 언어 통제력이 약함을 보여주는 사례가 많고, 파킨슨병으로 고통받는 환자를 대상으로 한 연구를 포함해 언어 통제와 밀접한 관련이 있다고 예상되는 구조에 대한 근거도 이미 충분하다.

이런 관찰은 신경 촬영법으로 건강한 이중언어자의 다양한 언어 통제 측면을 탐구하려는 연구를 설계하고 해석하는 데 좋은 토대를 마련했다. 이 연구에서는 여러 종류의 실험을 했고, 그중 대부분은 언어 통제 실행의 필요성을 암시한다. 상세히 설명하지는 않겠지만, 이런 연구는 전두엽과 전전두엽, 두정엽, 미상핵, 전대상회(Anterior cingular gyrus)

를 포함한 뇌 신경망을 작동시켜 언어 통제가 이루어짐을 보여준다.

또한 이전 장에서 설명했는데, 수술 중 피질 전기 자극을 통해 일부 영역의 기능을 방해할 때 어떤 일이 발생하는지에 관한 정보도 있다. 예를 들어, 스페인 바르셀로나의 벨비티지 바이오 메디컬연구소의 안토니 로드리게스 포르넬스가 수행한 연구에서 전두엽 내측 및 하측 영역의 정상 기능 방해는 위에서 말한 언어 변경 과제를 했던 두 환자의 언어 행동에 영향을 주는 것으로 나타났다.

이중언어자의 언어 통제 기능과 관련해서 핵심 질문 중 하나는, 이것이 일반 영역의 '실행 통제 체계'에 관여하는 뇌 영역 및 처리 과정과 어느 정도 관계가 있는가이다. 여기서 실행 통제 체계의 뜻을 정확히 정의하기는 어렵다. 위키피디아에서 '실행 기능'(executive function)의 뜻을 찾아보면, 가장 먼저 "목표의 예상과 설정, 계획 정보, 프로그램, 정신 작용과 활동 시작, 업무의 자기 통제 및 효율적으로 수행 가능한 능력을 가능하게 하는 모든 인지 능력"이라고 나온다.

내가 생각하는 실행 기능이란 뭔가를 하고 싶을 때 길을 잃지 않도록 사용하는 기능이다. 물론 이것보다는 조금 더 복잡하지만, 지금은 이 정도로만 알아도 된다. 이런 통제 과정은 끊임없이 이루어지고, 머릿속의 목표를 잘 따라가게 해줄 뿐만 아니라, 그 목표를 제대로 따라가지 못하게 혼란을 주거나 딴 길로 유도하는 정보나 자극을 무시하게 도와준다. 만일 《니모를 찾아서》라는 영화를 봤다면, 도리를 기억할 것이다. 니모를 찾아 니모의 아빠와 함께 다니던 파란색 물고기인데 계속 방향을 잃는다. 도리는 작업 기억력 같은 실행 통제 체계에 문제가 있다.

언어 통제의 명시적 목표는 원하는 언어를 말하게 하는 것으로, 여기서는 비사용 언어의 표상이 혼란스럽게 할 수 있다. 같은 맥락에서, 언어 통제 과정에도 일반 영역의 실행 체계가 사용된다고 생각하는 것이 합리적이다. 오늘날 신경 촬영법 및 행동 결과들이 중첩되는 부분이 있지만, 극히 일부다. 이 질문에 대해서는 제4장에서 좀 더 자세히 다룰 것이다.

모국어를 잊다

이중언어 사용에 대한 연구들은 대부분 제2언어 습득 및 사용 과정을 이해하는 데 목적이 있다. 어떤 식으로든 과학자들(그리고 우리 대부분)은 단일언어자가 이중언어자가 되는 방법이 무엇일까 또는 어떻게 이중언어자로 자랄 수 있는지를 궁금해한다. 이런 상황이 매우 보편화되었기 때문일 것이다. 일부 연구자들은 이중언어자가 되는 법과 새로운 언어를 배우고 잊어버리는 방법에 관해 많은 질문을 던졌다. 가령, 한 언어가 다른 언어를 대체하면 무슨 일이 벌어질까?

이런 질문은 '모국어 저하', 즉, 언어 쇠퇴(Language Attrition)라는 주제와 관련 있다. 제2언어의 습득이 모국어 사용에 미치는 영향을 조사한 연구는 이미 쏟아져 나왔다. 두 언어 간 상호 작용은 어느 수준의 언어라도 복잡하다. 한 언어가 다른 언어로 대체되는 경우는 거의 없지만, 우세 언어 사용에서 나타나는 몇 가지 특징은 관찰할 수 있다.

보스턴에 살 때 이런 상호 작용을 직접 관찰할 기회가 있었다. 스승 알폰소 카라마차 교수 주도로 하버드대학교 인지 신경심리학 실험실에서 이중언어 사용에 대한 실험을 했다. 먼저 이 실험에 적합한 스페인어와 영어를 함께 사용하는 이중언어자들을 모으기 위해 캠퍼스에 광고를 냈다. 그리고 중남미 친구들이 주최한 수많은 파티를 찾아가서 참가자를 직접 찾았다. (잘 알겠지만, 인간이 과학으로만 사는 건 아니다!) 마르가리타 칵테일과 모히토, 그리고 끝없이 흘러나오는 살사 음악 사이에서도 진행하는 연구에 대해 어느 정도는 설명할 수 있었다. 내 목표는 분명했다. 며칠 후, 그들이 멀쩡한 정신으로 있을 때 연락할 수 있는 이메일이나 전화번호를 받는 거였다. 가장 중요한 건 연락처를 얻는 일이었다. 이중언어자 중에 여성보다 남성 연락처를 더 잘 받아냈다. 이후 실험 약속을 잡기 위해 그다음 월요일에 전화하자, 예상대로 많은 사람이 놀라워했고 심지어 내가 무슨 말을 하는지 전혀 모르겠다고 하는 사람도 있었다. 심지어 나와 파티에서 만났던 기억 자체를 부인하는 사람도 있었다. 연구 참가자들을 찾는 전략이 기존과는 좀 다르다는 것은 인정하지만, 덕분에 나름대로 성과를 거두었고 박사 후 연구를 할 수 있었다.

이 이야기를 하는 이유는 스페인어를 모국어로 사용하면서도 영어도 아주 잘하는 젊은이가 많은 것이 전혀 이상하지 않다는 점을 말하기 위해서다. 그리고 제2언어로 스페인어를 가르치는 수업, 즉 모국어가 영어인 사람을 위해 개설된 외국어 수업을 듣는 학생도 꽤 많다. 그들과 이야기하면서, 이 언어가 문법적으로나 어휘적, 심지어 음운론적으로 스페인어에 미치는 영향을 알 수 있었다. 두 언어는 한 언어가 다른 언어를 '먹는' 방법으로 상호 작용했다. 어떤 이들을 보면 스페인 내전으로 어릴 때 멕시코로 이민 간 카탈루냐어 사용자들이 떠올랐다. 그들은 아주 이상하면서도 다정다감한 멕시코 리듬으로 카탈루냐어를 했기 때문이다. 이미 알고 있는 언어 바탕 위에 또 다른 언어를 배울 수 있다는 것은 우리 뇌가 얼마나 역동적이고 잘 변화하는지를 보여준다. 서로 다른 수준의 언어들 사이에 존재하는 상호 작용에 대해서는 이 책에서 다루지 않는다. 그러나 모국어가 상당히 또는 완전히 저하된 사례에 대해서는 나눌 이야기가 있다. 이론 및 실생활 관점에서 모두 흥미롭기 때문이다.

다른 언어를 사용하는 아동을 입양한 사례는 꽤 많다. 내 주변만 해도 러시아, 중국, 베트남, 에티오피아 출신의 아동을 입양한 지인이 열 명 정도 된다. 이 중 많은 입양 아동은 모국어를 사용하지 않고, 두 번째(심지어 세 번째) 언어에 집중한다. 그들이 모국어 사용 능력을 상실하더라도 어른이 되었을 때 뇌 속에는 그 언어에 대한 흔적이 남아 있을까? 아니면 반대로, 뇌가소성(Brain Plasticity: 뇌세포와 뇌 부위가 유동적으로 변하는 것-옮긴이)은 몇 달 혹은 경우에 따라 몇 년 동안 모국어를 완전히 잊게 만들까? 뇌가 언어를 잊을 수 있을까?

이런 연구는 쉽지 않기 때문에, 관련 연구가 적다. 첫째, 프랑스 국립보건의학연구원의 크리스토퍼 팔리어가 이끈 연구에서는 불어를 쓰는 부모에게 입양된 한국인 성인 8명을 선택했다. 입양 나이는 3세에서 8세까지 다양했고, 이 아이들은 한국에서 버려졌을 때 이미 한국어를 알고 있었다. 그러나 입양 후 이들은 모두 한국어를 완전히 잊었고, 프랑스어를 배우고 사용하는 데 전혀 문제가 없었다. 연구진은 이들에게 한국인이 참여하는 다양한 과제를 하도록 요청했다. 예를 들어, 프랑스인이나 그들에게 익숙하지 않은 여러 언어로 쓴 문구들을 따라 하게 하거나, 이 문장들이 어느 정도 한국어라고 생각하는지 말해보라고 했다. 또 다른 실험에서는 한국어로 두 단어를 녹음한 후에 이것을 프랑스어로 쓴 단어를 보여주었다. 참여자들은 이 프랑스어 단어의 뜻과 맞는 한국어가 무엇인지 골라야 했다. 이 실험에 선택된 참가자들과 모국어가 프랑스어로 한국인과 전혀 교류가 없었던 다른 집단 즉 통제 집단의 결과와 비교했다.

무의식적 또는 간접적으로라도 모국어(한국어)를 알고 있는 입양아들은 다른 집단에 비해 정답을 맞힐 확률이 높다는 가설을 세웠다. 하지만 결과는 이 가설을 빗나갔다. 질문에 대한 정답률은 두 집단이 똑같았다. 이 사람들의 머릿속에서 한국어가 사라져버린 것이다. 심지어 한국어에 아주 오래(8년) 노출되었던 사람조차 그랬다.

연구진은 한 단계 더 나아가 한국어와 관련된 과제를 하는 동안 두 집단 참가자의 두뇌 활동을 분석하기로 했다. 행동 수행 능력으로 잃어버린 언어의 흔적을 찾지 못하더라도, 두뇌 활동을 보면 알 수도 있지 않을까 생각했다. 이를 위해 다양한 언어로 기록된 문장을 따라 하게 하면서 두 집단의 뇌 활동을 기록했다. 프랑스인 참가자(통제 집단)가 프랑스어 또는 한국어를 들을 때 벌어지는 뇌 활동을 분석한 결과 그들이 프랑스어 문장을 재현할 때 언어 관련 영역에 더 많은 활성화가 일어났다. 당연한 일이다. 이들은 한국어나 다른 언어와는 전혀 접촉이 없었기 때문이다.

그렇다면 어릴 적에 한국어와 접촉이 있었던 입양아 참가자들의 뇌에는 어떤 반응이 일어났을까? 프랑스어 사용자들과 완전히 똑같았다. 즉, 수년간 한국에서 자랐던 성인의 뇌와 전혀 경험이 없었던 성인의 뇌 반응은 똑같았다. 마치 그 입양아 출신 참가자들은 한국어를 배운 적이 전혀 없는 것 같았다. 결론적으로 그들은 모국어를 완전히 잊었다.

그럼에도 브리스톨대학교의 제프리 바워스가 시행한 연구는 놀라운 결과를 보여주었다. 이 연구에서는 모국어가 영어인 성인이 영어에는 존재하지 않는 줄루족 언어와 인도어의 음운 대조를 학습하는 능력이 있는지를 알아보았다. 1장에서는 나이가 들면 주변에서 듣지 못한 소리를 구별하는 능력이 줄어드는 것을 살펴보았다. 일부 성인은 어린 시절에 그 언어와 접촉이 있었지만, 지금은 모든 지식을 잃어버렸다고 했다. 통제 집단은 이 언어들과 전혀 관련 없는 영어를 모국어로 하는 사람으로 구성된다. 궁금한 부분은 어린 시절에 그 언어를 사용했던 사람들이 통제 집단보다 더 빨리 음운 대조를 '재학습'할 수 있는지 즉, 아직도 뇌에 그 언어의 흔적이 남아 있는가였다.

연구 결과는 분명했다. 연구 초기에는 두 집단의 수행 능력이 똑같이 낮았다. 그들은 둘 다 너무 어려워했다. 예전에 그 언어에 노출된 참가자 집단은 그와 관련한 지식을 잃어버렸음을 재확인했다. 그러나 실험이 진행되면서 그 집단은 다른 집단에 비해 훨씬 더 효과적으로 소리를 구별할 수 있었다. 이 결과는 오랜 세월 사용을 중단한 언어였지만 참여자들에게는 약간의 지식(이 경우 음운 지식)이 남아 있었음을 암시한다. 뇌는 어린 시절의 경험을 간직하고 있었다. 비록 스스로 그 사실을 의식하지 못한다고 해도!

이런 결과를 고려할 때, 언어를 사용하지 않으면 완전히 잊을 수 있다고 결론내리는 것은 시기상조다. 그렇더라도 이 연구는 언어 간 상호작용에 대한 정보뿐 아니라, 뇌 가소성이나 어떻게 그것을 잊었는지에 대한 정보를 제공하기 때문에 매우 중요하다.

이번 장에서는 뇌가 어떻게 두 언어를 처리하는지에 관해 몇 가지 질문을 살펴보았다. 뇌 손상을 입은 사람의 언어 행동 연구와 뇌 영상 기술을 통해 확보한 건강한 사람의 뇌 활동 평가로 이중언어자의 언어 사용이 뇌에서 어떻게 나타나는지를 알 수 있었다. 특히 뇌에서 언어 통제가 어떻게 이루어지는지에 특별한 관심을 기울였다. 언어를 아는 것뿐만 아니라, 사용(통제)하는 것이 중요하다는 점이 다가왔길 바란다.

이 분야가 많이 발전했지만, 여전히 발견해야 할 내용이 많이 있다. 만일 바벨피시가 모든 언어를 번역할 때 사용하는 메커니즘을 분석할 수 있다면, 이 작업은 덜 힘들 것이다. 불행히도 그 비밀은 그것을 만든 더글러스 애덤스만 알고 있다. 엔지니어들이 그 비밀을 풀어보려고 무진장 애썼음에도 말이다.●

● 웨이버리 랩스(Waverly Labs)라는 회사는 동시 번역을 통해 다양한 언어를 사용하는 사람들 사이에서 의사소통을 가능하게 하는 장치를 내놓는 것을 목표로 한다. 그들이 만든 제품 중에는 두 개의 작은 이어폰으로 소통하는 장치가 있는데, 대화자들이 이 이어폰을 하나씩 갖는다. 메시지는 이어폰에 연결된 전화기로 파악되어 각자에게 필요한 언어로 번역된다. 따라서 서로 다른 언어를 사용하는 두 사람이 대화를 나눌 수 있다. 요컨대, 마치 대화자들의 귀에 바벨피시가 있는 것과 유사하다.

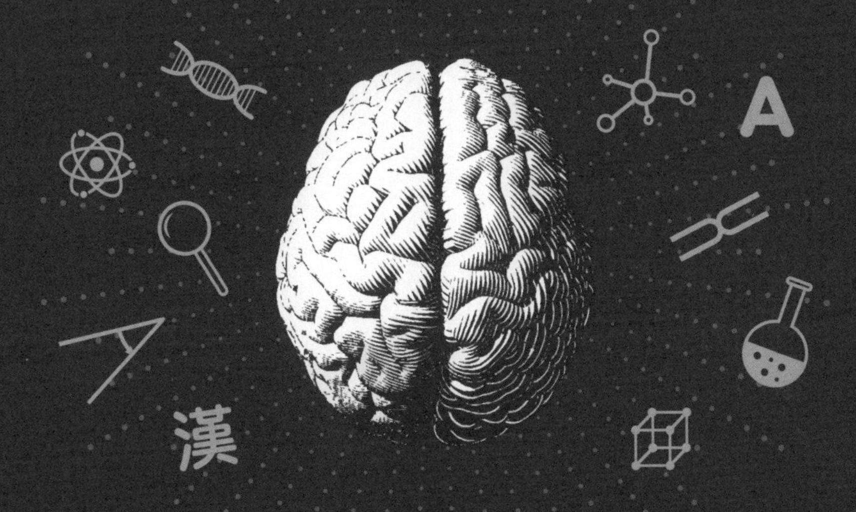

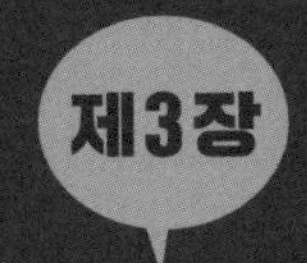

이중언어를 하면 뇌가 어떻게 변할까

이제 전 세계에서, 사회·정치 분야에서의 이중언어 사용은 피할 수 없다. 이민이나 국가 정체성과 같은 다양한 요인과 관련되기 때문이다. 이런 상황 때문에 종종 이중언어 사용의 장점 및 단점에 관해 흥미로운 의견을 듣곤 한다. 이중언어 사용이 일반적으로 언어 사용과 발전에 방해가 된다고 생각하는 사람도 있다. 수십 년 전이긴 하지만, 이중언어 사용이 정신분열증 같은 정신 질환을 초래할 수 있다고 생각한 사상가도 있었다. 지금은 그런 극단적인 의견이 나오지는 않지만, 이중언어 사용이 가져올 수 있는 악영향을 경고하는 목소리는 여전하다.

여기까지 읽은 독자라면, 이런 의견이 이중언어 교육 모델에 의문을 제기하는 데 자주 사용됨을 눈치 챘을 것이다. 한편, 최근의 어떤 연구에서는 이중언어 사용이 특정 인지 능력을 보다 효율적으로 향상시킨다는 사실을 보여준다. 그래서 언론에서는 이중언어자가 '더 똑똑하다'

고 선전했다. 이미 살펴본 것처럼, 이는 완전히 새로운 의견은 아니다. 1960년대 유명한 신경외과 의사인 와일더 펜필드는 한 캐나다 신문과 나눈 인터뷰에서 이중언어를 구사하는 뇌가 우월하다고 말했다. 그리고 약 50년 후인 2012년, 나는 "왜 이중언어자들은 더 똑똑할까?"라는 제목으로 『뉴욕타임스』에 실린 기사에 참여했다. 다시 말해, 두 언어가 공존하는 곳에서 국가 정체성을 세워가는 사람들은 이중언어 교육을 촉진하려고 할 때 이런 정보를 활용한다.

나는 이런 이중언어에 대한 극단적인 의견을 자주 접한다. 또한, 이러한 의견은 대부분 분명한 과학 지식을 기반으로 하지 않는다. 실제로 문제는 훨씬 더 심각하다. 특정 근거를 기반으로 하긴 하지만, 전달 내용이 이해관계에 따라 왜곡되어 일반 대중의 판단력을 흐릴 뿐 아니라, 이 분야에서의 연구를 방해하기 때문이다.

여기서 우리는 이중언어 사용 경험이 언어 처리와 다른 인지 및 개인의 뇌 발달에 어떤 영향을 미치는지에 관심이 있다. 여기서는 주로 언어 처리 부분에 초점을 맞출 것이고, 다른 인지 영역에 미치는 영향은 다음에 다루겠다. 이중언어 사용이 언어 처리에 미치는 영향을 분석하려면 개인 집단(다양한 사회층, 성별, 국가 등) 간의 비교처럼 이중언어자의 성과를 단일언어자와 비교해야 하는데, 거기에서 나온 결론은 늘 조심스럽다. 어떤 식으로 표현하든, 여성이 남성(혹은 그 반대)보다 구체적인 지적 활동에 더 뛰어나다고 말하는 것은 정치적으로도 옳은 견해가 아닌 것처럼 말이다.

기본적으로는 상식을 따르고 진의를 파악하면서 이 문제를 시작해보자. 이중언어 사용 경험은 개인의 언어 능력이나 그 외 다른 인지 영역에 눈에 띄게 큰 영향을 주는 것 같지는 않다. 우리는 모국어(그리고 모국어가 아닌 언어)로 큰 어려움 없이 자기를 표현하거나 또는 최소한 단일언어자보다 그다지 힘들어 보이지 않는 이중언어자를 알고 있다. 입양아 사례에서 보았듯이 제2언어 습득이 모국어 사용을 중단하게 하지만 않는다면, 치명적 영향을 미치는 것 같지는 않다. 따라서 얼핏 봐서는 이중언어자가 단일언어자보다 더 똑똑해 보이거나 인지 능력이 눈에 띄게 차이가 나는 것 같지는 않다. 그러니 체스 경기에서 상대방이 이중언어자든 아니든 걱정하지 않아도 된다.

그러나 분명히 말하지만, 일부 인지 능력 면에서 이중언어자와 단일언어자의 특별한 차이점을 보여주는 여러 연구도 있다. 이러한 차이점이 흥미로운 이유는 서로 다른 인지 과정이 어떻게 상호 작용하는지 이해하는 데 도움이 되기 때문이다. 이제 이중언어 경험이 언어 처리에 어떤 문제를 일으키는지에 관한 질문에 답해보자.

언어 간 사용 및 간섭 빈도

나는 수업 시간에 후안과 다비드의 테니스 경기를 자주 예로 든다. 후안은 오후에 3시간 정도 늘 테니스를 치고, 다비드는 한 시간 반 정도만 테니스를 치고 남은 시간에는 스쿼시를 한다. 과연 테니스 경기를 하면 누가 이길까? 똑똑하고 신중한 대부분 학생은 이 질문에 대답하지 않는다. 일단 정보가 충분치 않고, 확실한 대답을 하기 위해 알아야 할 요소가 많기 때문이다. 그러면 나는 대답을 끌어내기 위해 몇몇 조건을 덧

붙인다. 테니스 치는 것과 관련된 나머지 조건은 똑같다. 같은 나이에 배우기 시작했고, 키도 같고, 운동 신경 능력도 같다. 그러면 학생들은 바로 다비드보다 두 배 더 연습한 후안 편을 든다. 따라서 두 사람을 비교할 때 후안이 경기에서 이겨야 한다. 여기서 분명한 사실은 다비드는 두 가지 운동을 할 줄 알고, 후안은 하나만 할 줄 안다는 사실이다.

여기에서 내가 운동 연습과 언어 연습 사이의 유사성을 말하고 있음을 눈치 챘을 것이다. 후안은 오후마다 한 가지 운동(테니스)만 연습하는데, 이것은 한 가지 언어(스페인어)만 한다는 의미다. 반면 다비드는 두 가지 운동(테니스와 스쿼시)을 하는데, 이것은 두 언어(스페인어와 영어)를 연습하는 것과 같다. 즉, 후안은 단일언어자이고, 다비드는 이중언어자이다. 따라서 이 비유가 타당하다면, 한 가지 언어만 연습하는 단일언어자와 두 언어를 다 연습하는 이중언어자를 비교했을 때 언어의 실제 사용 빈도가 높을수록 효율성이 달라질 것으로 예상된다.

예를 들어, '단어 사용 빈도수'는 단어를 사용하거나, 그것을 인식하는 속도나 정확도에 영향을 미친다. 잘 사용하지 않은 단어(예. 도화선)보다 자주 쓰는 단어(예. 책상)를 구사할 때 더 빨리 단어를 말하고 용어 오류도 적다. 또한, 보통은 자주 쓰지 않는 단어를 사용하려고 할 때 말이 혀끝에 맴돌 때가 많다(어머니의 이름을 떠올릴 때 이런 일은 생기지 않는다). 이제 그것을 증명해보자. 자, 반은 사람이고 반은 말인 신화 속 캐릭터의 이름은 무엇일까? 째깍째깍…. 머릿속에 그 단어가 떠올랐다면, 축하한다. 이제 이 글을 편하게 읽어나갈 수 있을 것이다. 만일 계속 이름이 혀끝에서만 맴돈다면… 힌트를 하나 주겠다. 〈ㅋ〉 자로 시작한다. 이 주제가 끝날 때까지 생각해보길 바란다.

이중언어 사용이 특정 언어 능력에 영향을 준다는 다양한 연구 결과가 있다. 이중언어자는 말하는 과제를 냈을 때 단일언어자보다 더 느리고 덜 정확하게 어휘에 접근한다. 나타난 그림의 이름을 말하는 속도 실험 덕분에 그 사실을 알 수 있었다. 실험에서는, 참가자에게 컴퓨터 화면에 나타나는 그림 이름을 가능한 한 빨리 말하고 실수하지 말라고 요청한다. 화면의 그림 모양에서 용어를 분명하게 표현하는 데 얼마나 걸릴까? 젊은 사람이라면 평균 600밀리 초(0.6초) 내에 할 수 있다. 이 정도면 괜찮지 않은가? 특히 화자가 심성 어휘집에 저장해놓은 수천 개의 단어 중에 원하는 단어를 선택한다고 생각한다면 말이다.

따라서 [그래프 2]에서 보는 것처럼, 이중언어자는 단일언어자보다 더 천천히 말하고 실수도 많았다. 그림 이름 말하기에서 이중언어 중 제2언어 사용자와 단일언어자를 비교할 때 이런 일이 생기는 건 별로 놀랍지 않다. 공평한 조건이 아니기 때문이다. 이중언어자가 단일언어자보다 단어를 늦게 그리고 덜 정확하게 말한다는 사실은 맞다. 그리고 이중언어자가 제2언어를 할 때와 모국어를 할 때도 차이가 있다. 또한 다른 연구에서도, 단어 학습 나이와 처리 속도 및 정확성이 반비례한다는 사실을 알았다. 습득 나이가 어릴수록, 처리 속도가 빨랐다. 더 놀라운 점은 모국어(단일언어자가 하는 유일한 언어)로 그림 이름을 말할 때, 이중언어자와 단일언어자의 속도 차이다. 언어 능력이 뛰어난 이중언어자에게도 이런 차이가 생긴다. 아주 크지는 않지만(약 30밀리 초=0.03초), 이것은 그림 이름 말하기 테스트가 상대적으로 쉽다는 뜻이기도 하다. 더 복잡한 언어 사용 상황에서 이 정도 차이가 언어활동을 평가할 때 얼마나 크게(또는 작게) 보일 수 있는지는 잘 모른다.

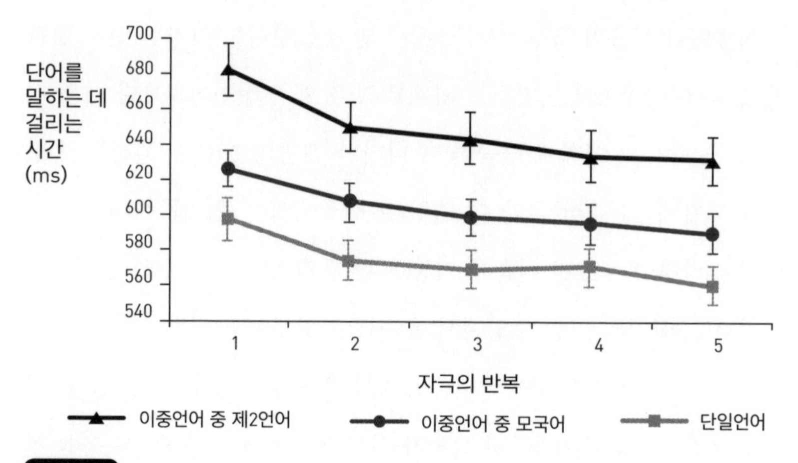

그래프 2

나타난 그림의 이름을 말하는 과제에서 이중언어자가 모국어와 제2언어를 말할 때와 단일언어자가 말할 때의 결과다. 세로는 단어를 말하는 속도(밀리 초, ms)이다. 말하는 속도가 느릴수록 위쪽에서 움직인다. 가로는 자극의 반복 양을 뜻한다. 자극을 반복하면 반응 시간이 줄어든다. 그러나 세 가지 조건(모국어, 제2언어, 단일언어)의 차이는 일정하게 유지된다.

보다 공정하고 정확하게 말하자면, 서로 다른 언어 중 모양이 비슷하지 않은 단어들에서(가령, mesa[탁자, 스페인어], table[탁자, 영어]) 이러한 차이가 더 크게 발생한다. 이것을 "형태론적으로 유사성이 없는 단어들"이라고 한다. 비슷하게 생긴 단어들(가령, guitarra[기타, 스페인어], guitar[기타, 영어])은 이중언어로 말할 때 속도가 별로 느려지지 않는다.

어휘 접근성 측면에서 이중언어자가 단일언어자보다 떨어진다는 또 다른 증거는 '말이 혀끝에서 맴도는' 사례가 더 자주 발생한다는 데 있다. 이 연구는 한층 더 복잡하다. 이런 상황을 만나는 것 자체가 쉽지 않기 때문이다. 캘리포니아 샌디에고대학교의 타마르 골란이 이끄는 한 연구에서는 사용 빈도수가 낮은 단어들의 정의를 보여주고 참가자들에게 해당 단어를 큰 소리로 말하도록 요청했다. 앞에서 신화 속 캐릭터에 대한 정의를 내리고 그 이름을 말해보라고 한 것과 같다. 또한, 놀랍게도 말이 혀끝에서 맴도는 상황은 이중언어자가 그 단어를 두 언어로 다 말할 수 있을 때도 발생한다. 즉, 이 차이는 한 언어가 다른 언어의 접근을 차단하기 때문에만 생기는 것 같지는 않다.

뇌 손상 환자의 언어 능력 평가를 위해 자주 사용하는 기준은 유창성(verbal fluency)이다. 평가 방법은 아주 간단하고 누구와도 해볼 수 있다. "1분 동안 한 언어로 생각나는 동물 이름을 중복 없이 아무거나 말하기"를 해보라(예전에 텔레비전 프로그램에도 나왔다). 이 작업을 하려면 머릿속 어휘집에 재빨리 접근하고, 반복을 피하려면 이미 말한 것을 통제해야 한다. 그 결과, 이중언어자가 단일언어자보다 말한 동물 숫자가 적다는 사실이 드러났는데, 여기에서 어휘집에 접근하는 것이 훨씬 더 힘들다는 사실을 추측할 수 있다.

이 결과는 이중언어 사용 경험이 어휘집 접근 과정의 효율성에 영향을 끼친다는 사실을 보여준다. 이러한 차이는 각 언어의 사용 빈도수 차이 또는 첫 번째 언어 처리 과정에서 제2언어가 유발하는 간섭 때문일 수도 있다. 이전에 논의한 것처럼, 이런 간섭은 이중언어자가 당장 사용하지 않는 언어를 꺼놓을 수 없기 때문에 생긴다. 예를 들어, 방금 설명한 언어 유창성 실험을 생각해보자. 다른 언어로 말해서는 안 되는데, 이중언어자는 일어날 수 있는 간섭을 가능한 한 계속 차단해야 한다. 따라서 제한된 시간 내에 특정 분류에 맞는 단어를 말해야 한다는 일시적인 스트레스 상황이 되면 이런 간섭 때문에 성과는 더 나빠진다.

어떤 언어의 사용이 다른 언어 표상의 회복에 부정적인 영향을 끼칠 수 있다는 또 다른 사례가 있다. 이중언어자 집단에게 제2언어로 그림의 이름을 말하게 한 다음, 다른 그림들까지 더해서 이번에는 모국어로 말해보라고 했다. 원칙적으로 생각하면, 두 번째 요청에서는 처음 요청 때보다 반응이 더 빠를 거라고 추측할 수 있다. 그러나 결과는 그렇지 않았다. 이전에 보여주지 않은 새 그림들보다, 반복해서 보여주는 그림들과 실험할 때 훨씬 더 어려워했다. 이것은 마치 모국어로 말한 후에 제2언어로 말하는 것이 어려운 것처럼, 둘 사이에 간섭이 일어난다는 것을 암시한다. 또는 모국어를 하는 동안 억제한 부분이 바로 회복되는 것이 어려울 수도 있음을 보여준다. 이전에 비대칭 언어 변경 비용에 관해 이야기했을 때와 상황이 비슷했다.

이제 말이 혀끝에서 맴도는 상황을 생각해보자. 이런 상황에서는 자주 사용하지 않거나 사용 빈도수가 낮은 단어를 회복하려고 한다. 이중언어자가 단일언어자보다 단어를 덜 규칙적으로 사용한다고 생각하는 게 논리적이다. 가령, 나는 영어를 사용하는 순간에는 스페인어를 사용하지 않는다. 따라서 이중언어자는 단일언어자보다 빈도수가 낮은 단어들을 더 많이 알고 있다고 할 수 있다. 그 단어들이 바로 '말이 혀끝에서 맴도는' 상황을 만들 수 있는 단어들이기 때문에 이중언어자가 두 언어 중 무엇을 쓰던지 간에 이런 현상을 겪을 확률이 더 높다.

그러나 위에서 언급한 영향은 그리 크지 않고, 각 화자 집단 내에서 변동성이 높다. 즉, 언어 수행에 영향을 주는 다른 변수가 많기 때문에 이중언어 사용 상태만 보고 개인의 언어 행동을 분명하게 예측할 수는 없다. 이중언어 사용이 언어 효율성에 영향을 주는 요소는 하나가 아니라 여럿이다.

테니스 경기와 언어 능력의 비유로 다시 돌아가보자. 내 학생들은 후안과 다비드가 연습한 시간만으로는 정보 부족으로 승자를 맞출 수 없다며 현명하고 신중하게 답변했다. 이처럼 우리는 이중언어자이든 단일언어자이든 사람들의 언어 능력에 대해 말할 때도 신중해야 한다.

(이제는 '말이 혀끝에서 맴도는' 상황에서 독자들을 구해주려고 한다. 반은 사람이고 반은 말인 신화 속 캐릭터가 이제 기억나는가? 바로, 켄타우로스이다.)

이중언어 사용이 어휘 발달에 미치는 영향

단일언어 사용 경험과 비교해서 이중언어 사용 경험이 미칠 수 있는 영향 중 하나는 어휘량이 감소할 수 있다는 것이다. 즉, 과연 이중언어자는 단일언어자보다 아는 어휘가 적을까?

새로운 단어를 배우는 능력은 평생 열려 있고, 실제로 우리는 끊임없이 단어를 배운다. 즉, 나이가 들수록 새로운 소리 습득과 같은 또 다른 종류의 언어 능력이 급격히 떨어지는 것만큼(1장에서 언급한 지각 순응 현상을 기억하자), 노화가 새 어휘 학습 과정에 끼치는 영향은 그리 큰 것 같지는 않다.

2014년 스페인왕립학술원이 새로 받아들인 단어들을 잠시 살펴보자. affaire(정사), amigovio(썸남), backstage(백스테이지), bloguero(블로그 운영자), conflictuar(충돌을 일으키다), espanglish(미국에서 영어와 스페인어 어휘나 문법을 섞어 사용하는 히스패닉 사람들), feminicidio(성차별로 여성에게 일어나는 살인), friki(덕후), hipervínculo(링크), identikit(경찰 용의자의 몽타주 사진 합성 장치), impasse(궁지), lonchera(런치박스), papichulo(육체적인 매력 때문에 욕망의 대상인 남자), sunami(쓰나미)…. 이런 단어들은 사람들 사이에서 충분히 사용된 후에야 스페인왕립학술원이 인정한다는 것을 감안할 때, 당신은 이미 이 단어들을 거의 다 알고 있을 가능성이 높지만, 대부분은 비교적 최근에 배웠을 것이다. 사실 나도 amigovio(썸남), lonchera(런치박스)라는 단어는 몰랐다가 지금 배웠다.

우리가 배우는 새 단어의 양은 얼마나 풍부한 어휘 사용 환경에 노출되는지에 달려 있다. 다른 말로 하자면, 우리 경험이 스포츠 신문과 텔레비전 시청 정도에 머문다면 새 단어를 배우기는 어렵다. 다양한 여가 활동은 언어 및 인지 수준을 높이는 데 더 큰 자극과 도전이 된다.

어휘 학습 능력이 평생 지속되는 게 사실이라면, 지금은 얼마나 많은 단어를 알고 있는 걸까? 2천, 1만, 2만… 아니, 훨씬 더 많다! 한 계산에 따르면 고등 교육을 받는 사람은 대개 3만 5천 단어 정도를 알고 있다. 이 정도면 괜찮지 않은가? 그렇다고 이런 단어를 다 규칙적으로 사용한다는 뜻은 아니다. 사실은 하루에 매일 천 단어 정도만 사용한다(실망하지 않길 바란다. 조사에 따르면, 세르반테스도 그의 전 작품에서 8천 단어 정도만 사용했다).

최근에 진행된 연구를 분석해보자. 스페인어 사용자의 어휘량을 추정하기 위한 연구였다. 이 흥미로운 질문에 대답하기 위해 새로운 기술을 사용하는 방법도 함께 소개한다. 인지와 뇌 및 언어 연구센터(BCBl)의 마누엘 카레이라스와 혼 안도니 두냐베이티아가 진행한 연구다. 연구진은 사람들 대부분이 인터넷과 연결된 휴대전화나 태블릿, 컴퓨터를 갖고 있다는 사실을 이용해서, 4분 만에 사용자의 어휘 수준을 제대로 예측할 수 있는 플랫폼을 만들기 시작했다. 인터넷에서 "vocabulario

BCBl"라고 검색하면 나온다. 자신보다 단어를 덜 알고 있다고 생각하는 사람과 대결해보는 것이 팁이라면 팁이다. 그러면 당신의 어휘 수준이 어느 정도인지 추측할 수 있다.

과제는 아주 간단하다. 화면에 글자들이 나타나면 실제로 스페인어에 있는 단어인지 대답해야 한다. 이것을 우리는 '어휘 결정 과제'라고 부른다. 쉬워 보이지만, 자만해서는 안 된다. 가령, 스페인어 사용자는 보통 casa(집)는 단어이고 cafa는 가짜 단어라는 사실을 안다. 그러나 agós, mopán, joyel, maspán은 어떤가? 보는 순간 빨리 대답하기가 어려울 것이다. 이 플랫폼의 장점은 빨리 테스트를 끝낼 수 있다는 것이다. 사용자가 시작할 때마다 사전에서 실제 단어와 만든 단어 5만 개 중에 무작위로 100개를 선택하기 때문이다. 우리가 매일 사용하는 기기들로 이 실험을 할 수 있게 되자, 출시 후 몇 주도 안 되었는데, 수십만 명이 테스트에 응했다. 참가자의 정답 비율을 알면, 스페인어 이용자의 평균 어휘량을 추정할 수 있다(얻은 수치는 좀 복잡하지만, 그것만으로도 추정하기에는 충분하다). [그래프 3]에서 볼 수 있듯이, 나이가 들수록 아는 단어 숫자도 늘어난다(할아버지와 십자말풀이 게임을 해서 이기기란 쉽지 않다).

이 연구에서는 남성과 여성의 어휘량 차이를 계속 탐구했다. 결과는 각자 찾아보길 바란다.● 물론 mopán, joyel은 실제로 있는 단어이지만, agós, maspán은 아니다. 나는 오늘만 해도 amigovio(썸남), lonchera(런치박스), mopán(마야족의 모판[mopan] 사람과 관련된), joyel(작은 보석) 등 새

● [guk.es]사이트에서 읽을 수 있다. "스페인어에 대한 세계적 연구에서 노인이 젊은이보다 어휘량이 더 많음이 나타났다."

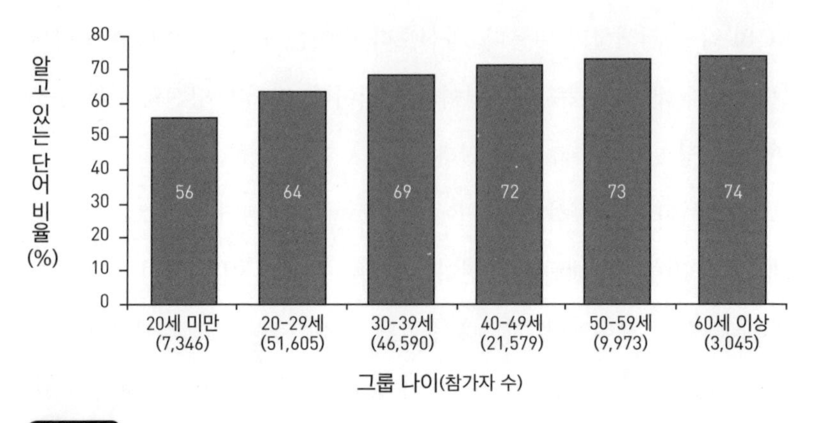

그래프 3

연령대에 따라 참가자가 알고 있는 단어 비율을 나타낸다. 보는 것처럼 비율은 연령에 따라 증가한다. 연령별 참가자 수는 괄호 안에 표시된다.

단어를 4개나 배웠다.

이중언어 사용이 어휘 발달에 끼치는 영향을 다루기 전에 두 가지를 생각해보자. 첫째, 우리에게는 항상 새 단어를 배울 시간이 있다. 설령 깨닫지 못하더라도 계속 새 단어를 배우고 있다. 둘째, 어휘의 풍부함은 새 단어를 자주 사용하는 환경에 얼마나 노출되는가와 관련 있다.

많은 연구는 단일언어자와 비교할 때 이중언어자가 좀 더 제한된 어휘를 사용한다는 사실을 보여주었다. 예를 들어, 토론토의 요크대학교 심리학과 교수인 엘렌 비알리스토크의 연구를 살펴보자. 한 연구에서는 3~10세의 어린이 약 2천 명의 이해 어휘(receptive vocabulary)를 알아보았다. 이해 어휘란 습관적인 사용 여부와 상관없이, 외부에서 나에게 들어오는 언어를 인식하고 의미를 확인하는 데 필요한 어휘를 말한다. 이 연구를 위해 여러 연령대에 표준화된 테스트인 '피바디 그림 어휘력 검사'(Peabody Picture Vocabulary Test, PPVT)를 사용했고, 아동 중에 영어만 쓰는 단일언어자와, 영어와 다른 언어를 사용하는 이중언어자들을 대상으로 했다.

어휘 점수는 아동 나이에 상관없이 단일언어자가 더 높다. 또한, 단일언어자가 이중언어자보다 많이 사용하는 단어는 주로 집 안에서 많이 사용되는 단어라는 흥미로운 결과가 나왔다. 즉, 학교에서 기본적으로 쓰는 단어만 비교하면 두 집단 간에 차이가 없었다. 일리 있지 않은가? 학교에서는 모든 아이가 같은 단어에 노출되어 있다는 뜻이다(적어도 이 연구에서는).

이런 내용은 중요하다. 학교에서 얻는 어휘량은 학업 성취도를 예측하는 좋은 지표가 되기 때문이다. 학교에서 어휘량 차이가 없다는 사실은 이중언어 사용이 학교 성적에 별 영향을 주지 않는다는 사실을 암시한다. 이 연구를 비롯한 다른 후속 연구에서 성인 이중언어자의 어휘량은 20세에서 심지어 80세까지 늘어난다는 사실을 보여주었다.

물론 이런 자료는 신중하게 해석해야 하는데, 이중언어 교육에 반대하는 사람에게 큰 무기가 되기 때문이다. 따라서 가장 먼저 이중언어자와 단일언어자의 어휘량 차이가 얼마나 큰지, 즉 효과 크기(effect size: 각 개별 연구에서 나온 결과들을 통계 절차를 통해 표준화한 것-옮긴이)를 알아야 한다.

좀 더 설명해보겠다. 우리가 감기 때문에 약을 먹는다고 상상해보자. 통계에 따르면, 이 약은 감기 증상 지속 기간을 줄여준다. 즉, 첫 번째 환자 집단에 이 약을 무작위로 나누어 주고, 두 번째 환자 집단에는 가짜 약을 주면, 일반적으로 첫 번째가 두 번째보다 감기 증상이 더 먼저 사라진다는 뜻이다. 그렇다면 약을 사러 가기 전에 먼저 감기 증상이 몇 시간이나 줄었는지 물어보자. 즉, 약의 효과 유무가 아니라 '얼마나' 효과적인지를 확인하자. 만일 증상 지속 기간이 이틀 줄었다면, 약을 사도 좋다. 그러나 2시간 정도라면… 안 먹고 견디는 편이 낫다.

어휘량 감소 부분도 이와 같다. 앞서 말한 연구 결과는 전체 평균이 100점이고 표준 편차는 15점이다. 즉, 일반적인 아동의 어휘량 대부분이 85점에서 115점 사이에 있다는 뜻이다. 그렇다면 이중언어 사용 아이들의 평균은 얼마일까? 95점에서 100점 사이이다. 그렇다면 단일언어 사용 아이들의 평균은 얼마일까? 103점에서 110점 사이이다. 즉, 둘 다 일반적으로 평균 점수에 매우 가깝다. 이중언어 사용으로 어휘량이 감소하긴 하지만, 상대적으로 그 감소폭은 매우 작다는 뜻이다.

다른 한편, 우리는 특정 개인에게 집단 규범을 적용하려는 유혹에 빠진다. 예를 들어, 우리 아이가 이중언어 환경에서 자라면, 단일언어 환경에서 자란 아이가 사용하는 어휘량보다 적을 것이라고 생각한다. 그러나 그룹 평균을 개인에게 적용하는 것은 적절하지 않고, 이런 경우는 아직 많지 않다.

[그래프 4]를 보면, 어휘력 검사에서 이중언어를 하는 아동들과 단일언어를 하는 아동들의 점수가 나온다. 가로는 검사 점수이고 세로는 각 점수를 받은 아이들의 비율을 나타낸다. 각 선의 점수가 높을수록, 어휘의 범위에서 해당 아동의 비율이 높다는 뜻이다. 예를 들어, 아동 이중언어자의 약 7%가 70점에서 79점 사이의 점수를 얻었으며, 이 점수대에서 아동 단일언어자는 약 1% 정도이다. 또한, 단일언어자 대부분은 100점에서 120점 사이의 점수를 받았고, 이중언어자 대부분은 90점에서 110점 사이에 분포해 있다. 따라서 각 그룹의 평균 점수는 다르며

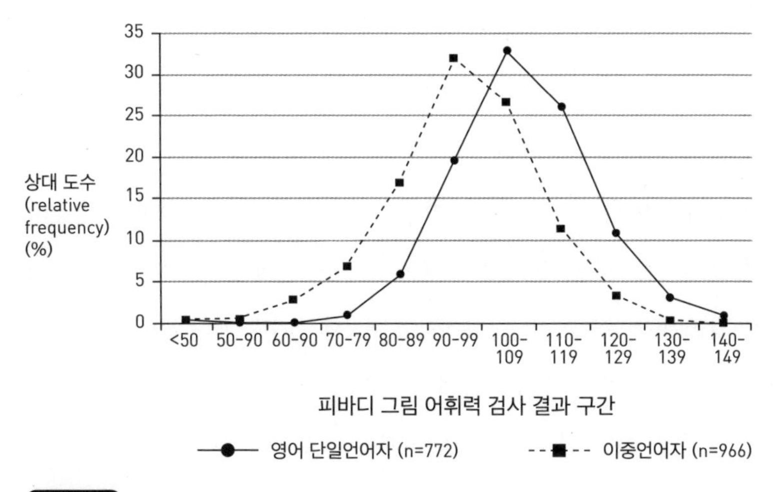

그래프 4

이중언어자와 단일언어자의 어휘력 검사 점수 분포.

단일언어자가 더 높다. 즉, 일반적으로 단일언어자가 더 많은 단어를 알고 있다. 이미 알려진 사실이다.

그럼에도 이 그래프에서 흥미로운 부분은 두 선 사이 즉, 이중언어자들과 단일언어자들의 점수 분포에 겹치는 부분이 많다는 점이다. 단일언어자들보다 점수가 높은 이중언어자도 많다. 예를 들어, 100점에서 119점 사이를 받은 이중언어자들도 있고, 90점에서 99점 사이를 받은 단일언어자들도 있다. 만일 무작위로 이중언어를 하는 아동을 뽑는다면(예를 들어, 우리 아들), 단일언어자보다 어휘량이 확실히 적은 것도 아니고 평균 점수보다는 높다는 게 확인된다. 왜 그럴까? 앞에서도 말했지만, 어휘량은 이중언어 사용보다 훨씬 더 많은 요인에 영향을 받기 때문이다. 만일 언어 경험이 『내셔널 지오그래픽』이나 세르반테스의 책보다 연예 오락과 스포츠 신문 기사에 더 집중되어 있다면… 우리는 그들처럼 글을 쓰기 힘들 것이다. 이런 결과는 참고할 만하다.

그런데 만약 이중언어 사용이 단어 학습 과정에서 문제를 일으킨다는 사실이 밝혀진다면 어떨까? 즉, 어휘의 감소는 각 언어의 단어 빈도수가 낮아서가 아니라, 어휘 기억력에 부정적인 영향을 미치는 일종의 언어 간섭 현상(외국어를 배울 때 모국어가 영향을 미치거나 제3의 언어를 배울 때 제2언어가 영향을 미치는 현상-옮긴이) 때문이라면? 그러나 제1장에서 아기의 언어 습득에 대해 말하면서 말한 내용을 보면, 이 말은 틀린 것 같다. 두 언어를 합치면 이중언어자는 단일언어자보다 더 많은 단어를 알기 때문이다. 이중언어자는 많은 단어의 번역어를 알고 있다('개'는 영어로는 dog이지만, 스페인어로는 perro이다), 이처럼 이중언어 사용은 어휘 기억, 즉 어휘 습득에 방해가 되는 것 같지는 않다.

이중언어 사용과 어휘량 감소의 관계는 언어의 사용 빈도와 노출 가능성과 더 관련 있다. 이 두 가지 요소가 크면 새 단어를 찾을 가능성이 높다(이 책을 영어로 봤다면, 당신은 아마도 joyel이란 단어를 알지 못했을 것이다). 다른 변수를 일정하게 유지하면, 이중언어자가 단일언어자보다 각 언어에 덜 노출되므로, 사용 빈도수가 낮은 단어를 접할 가능성은 그리 높지 않다. 잘 사용하지 않은 단어는 배우지 않거나 잊어버리게 될 가능성이 높기 때문이다. 그러나 이중언어 사용은 어휘량에 영향을 미치는 변수 중 하나일 뿐, 가장 중요한 요인은 아니다.

다음 장으로 넘어가기 전에, 이 연구의 실질적인 결과 중 하나를 강조하고 싶다. 아동을 위한 언어 발달 검사 및 뇌 손상 환자를 위한 언어 평가는 대부분 단일언어자의 언어 구사를 고려해 표준화되었다. 즉, 특정인의 성과를 비교하는 표준은 단일언어자 기준이다. 이중언어자의 능력을 이러한 기준과 대조한다면 잘못된 진단을 내릴 수도 있다. 참고 점수는 이중언어자의 모국어로 어휘를 평가할 때도 적절하지 않기 때문이다. 그러므로 혹시 이중언어를 사용하는 자녀가 어휘 검사에서 우수한 점수를 받지 못했다고 해도 너무 걱정하지 않아도 된다. 학습 능력의 문제가 아니라, 측정 범위의 오류 때문일 수도 있기 때문이다. 실제로, 우리 자녀는 단일언어를 사용하는 다른 아동들보다 더 많은 단어를 배울 수도 있다. 그것도, 두 가지 다른 언어로 말이다.

어떤 충고를 하지 않겠다는 약속을 지금까지는 잘 지켰다고 생각한다. 그러나 여기서는 잠깐 조언할 수 있도록 허락하길 바란다. 만일 자녀의 어휘 발전에 정말 관심이 많다면, 더 도전적이고 풍부한 언어 자극을 줄 수 있는 환경에 노출시키면 좋을 것이다. 아동학자이자 작가인 애모스 브론슨 올컷의 말처럼, "좋은 책이란 기대로 열리고, 유익함으로 닫히는 책"이다. 단, 무슨 언어로 읽어야 하는지는 걱정하지 말라. 두 언어로 읽는다면, 금상첨화다.

이중언어 사용, 다른 언어 학습을 위한 도약판일까?

아마도 당신은 두 언어를 사용하는 사람들이 다른 언어를 익힐 가능성이 더 크다는 말을 들었을 것이다. 나 자신이 언어 학습 능력이 부족하기 때문에 이 주장에 늘 관심이 간다. 내가 볼 때는 흥미로운 부분도 있고, 별로 중요하지 않은 부분도 있다. 중요하지 않은 부분에 대해 먼저 말하자면, 이중언어자가 이미 아는 언어와 비슷하게 생긴 새 언어를 배울 때, 비슷한 부분은 당연히 더 쉽게 습득할 수 있다.

트리에스테(Trieste: 이탈리아 북동부에 있는 항구 도시-옮긴이)에서 1년 동안 살았던 적이 있다. 공식적으로는 이곳에서 이탈리아어 수업을 한 번도 받지 않았지만, 단어나 숫자를 많이 이해했다. 스페인어와 카탈루냐어를 알고 있는 나는 이탈리아어를 배우는 게 다른 언어에 비해 상대적으로 쉬웠다(나의 언어학습 능력이 낮기 때문에 이렇게 말한다).

그럼에도 어떤 단어는 내게 친숙했다. 어떤 단어가 스페인어랑 비슷하지 않다면(예를 들어, 이탈리아어로 donna는 스페인어로 mujer[여자]이고, tavola는 스페인어로 mesa[탁자]이다), 카탈루냐어랑 비슷할 가능성이 높았다(이탈리아어 donna는 카탈루냐어로 dona[여자]이고, tavola는 카탈루냐어로 taula[탁자]이다). 그 반대인 경우도 있었다. 스페인어(및 카탈루냐어)는 이탈리아어와 형태론적으로 유사하다. 즉 기원이 같고, 이들 사이에 공식적인 유사성을 유지하는 단어도 많다. 물론 내가 사용하는 단어와 전혀 비슷하지 않은 것도 많다(형태론적으로 유사성이 없는 단어들이다. quindi는 스페인어로 por tanto[그러므로]라는 뜻이다).

안타깝게도 가짜 친구들도 있다. 비슷하게 생겼는데 뜻은 전혀 다른 단어들이다(이탈리아어 gamba는 스페인어로 perna[다리]라는 뜻이고, 스페인어 gamba는 '왕새우'라는 뜻이다. 이탈리아어로 autista도 스페인어로는 conductor[운전사]인데, 스페인어로 autista는 '자폐증 환자'다). 하지만 이건 또 별개의 문제다. 어쨌든 내가 배우고 싶은 언어와 비슷한 두 개의 언어를 이미 아는 나는 단일언어자보다 어휘 지식 면에서 분명히 더 유리했다.

여기서는 여러 언어의 단어들 사이의 유사성에 초점을 맞추었지만, 새 언어나 문법적 특성의 음운 습득에도 같은 논의가 이루어지거나 더 구체화될 수 있다(예를 들어, 스페인어 단어의 문법적인 성별을 익힐 때 영어 원어민은 큰 어려움을 겪는다). 즉, 언어들 사이의 유사성은 우리가 아는 언어의 특정 속성을 새 언어로 옮기는 일에 도움이 된다. 가끔은 혼란이 생길 수도 있지만, 대부분은 배우는 데 유리하다.

이러한 혼란은 가짜 친구(영어로 terrific[아주 멋진]은 스페인어의 terrorifico[공포감을 주는]와는 전혀 관련이 없다)와 마주칠 때 종종 드러난다. 또는 한 언어에서 단어의 문법적 성별을 다른 언어로 옮길 때도 비슷한 일이 발생한다(독일어로 태양[sonne]은 여성 명사이고, 스페인어로 태양[sol]은 남성 명사다. 또, 독일어로 달[mond]은 남성 명사이고, 스페인어 달[luna]은 여성 명사다). 어쨌든, 두 언어에 대한 지식이 제3언어의 학습에 도움이 되는지 여부에 대한 질문에서 가장 흥미로운 관점은 알고 있는 언어와 배우려는 언어 사이에 어느 정도 유사성이 있는가이다. 이제부터는 이 주장에서 가장 흥미로운 부분을 살펴볼 것이다.

일부 연구 결과에 따르면, 성인 이중언어자는 단일언어자보다 새 언어의 단어, 즉 지어낸 단어를 더 잘 습득한다. 노스웨스턴대학교의 비오리카 마리안이 이끄는 연구에서, 연구진은 참여자를 세 집단으로 나누어 지어낸 언어를 가르쳤다. 첫 번째 집단은 영어와 중국어를 하는 이중언어자들이고, 두 번째 집단은 영어와 스페인어를 하는 이중언어자들, 그리고 세 번째는 영어만 하는 단일언어자들이다. 연구진은 영어 번역과 짝을 이룬 단어들을 제시했다. 예를 들어, 참여자들은 cofu(코푸)라는 단어가 각 언어로 dog, perro(개)를 뜻한다고 배워야 했다. 왜 이런 단어를 지어냈을까? 이런 식으로 해야 새 단어와 원래 언어 사이의 유사성을 최소화할 수 있기 때문이다. 즉, 가능한 한 원래 언어와 새 언어의 속성 사이에 이동을 통제할 수 있기 때문이다.

연구 결과에 따르면 두 개의 이중언어자 그룹이 단일언어자 그룹보다 더 많은 단어를 배울 수 있고, 학습 시간이 끝난 후 적어도 1주일 동안은 배운 단어에 관한 기억을 유지했다. 따라서 이런 장점을 가능하게 하는 메커니즘을 조사해야 한다. 이 연구처럼 언어에 상관없이 모든 이중언어자 또는 어린 시절에 두 언어를 배운 사람들에게 이런 일이 어느 정도 발생하는지 안다면 이 조사에 더 많은 도움이 될 것이다. 어쨌든, 지금까지 아는 사실을 바탕으로 하면 두 언어에 대한 지식이 제3언어의 단어 습득에 도움이 된다.

해당 외국어에 대한 형태론 및 철자법, 쓰기 부분에서는 아동 이중언어자와 단일언어자의 영어 성적과 마찬가지로 실험실 외부 상황에서도 비슷한 점이 관찰되었다.

이중언어자와 단일언어자 사이의 제3언어 습득에서 차이점을 발견할 가능성이 매우 높다고 예상되는 '언어 통제 영역'에 관한 연구는 많지 않다. 이전 장에서 본 것처럼, 제2언어를 습득하고 그것을 사용하려면 통제 방법을 배워야 한다. 이러한 의미에서 이중언어자와 단일언어자가 새 언어를 습득할 때 필요한 몇 가지 통제 과정에서는 이중언어자의 학습 능력이 더 발달했다고 생각하는 것이 타당하다. 비유를 들어보자. 새 언어를 배울 때, 이중언어자는 이미 공 두 개로 저글링 하는 법을 익힌 상황에서 공 세 개로 하는 법을 배운다. 반면, 단일언어자는 처음부터 세 개로 하는 법을 배워야 한다. 따라서 새 언어를 배울 때 이중언어자가 유리하다고 생각하는 게 당연하다.

사실, 이전 장에서 제시된 언어 변경 패러다임에 대한 결과를 보면 이것이 사실이다. 우세 언어로 바꾸는 것이 비우세 언어로 바꿀 때보다 더 힘들고, 언어의 유창함 사이에도 분명한 차이가 있을 때 이 일이 발생한다는 점을 기억하자. 두 언어를 아주 능숙하게 잘하는 이중언어자에게는 이런 비대칭이 나타나지 않고, 변경 비용도 양쪽이 똑같다. 따라서 두 언어에 아주 능숙한 이중언어자에게 잘하는 언어 하나와 잘 모르는 세 번째 언어로 그림 틀 색상에 따른 언어 변경 실험을 해보면 언어 변경 비용에서 비대칭이 다시 나타난다. 결국, 이중언어자가 두 언어로 작업할 때와 잘 아는 언어와 잘 모르는 세 번째 언어로 과제를 이행할 때 나타나는 비용 패턴은 정확히 동일하다. 언어의 우세성과는 상관없이 똑같은 언어 통제 방법을 적용하는 것 같다. 그리고 이것은 세 번째 언어 사용에 도움이 될 수 있다. 즉, 표상 학습에는 그다지 유리하지 않지만, 언어를 사용하고 통제하는 데는 유리하고 이는 유창하게 말하는 데 영향을 끼친다.

자기중심성과 상대방의 관점 파악하기

최근에 어디를 찾아가다가 누군가에게 길을 물은 적이 있는가? 그랬다면 이런 대답을 자주 들었을 것이다. "이 첫 번째 거리를 건너서 우회전하면 두 번째 원형 교차로가 나오는데, 거기서 세 번째 출구로 나와 두 번째 거리에서 오른쪽으로 돌아가면 있습니다!" 음, 차라리 묻지 않는 편이 나았다는 생각이 들 것이다. 이런 식으로 누군가에게 방향을 알려줄 때는 그의 머릿속에 전체 지도가 들어 있기에 가능하다. 지나가는 모든 장소를 다 떠올릴 수 있기 때문에 그렇게 말할 수 있다. 그러나 듣는 쪽에서 복잡하게 받아들이는 이유는 머릿속에 전체 지도가 없고 설명을 듣는 대로 지도를 만들어가야 하기 때문이다. 심상 지도(mental map)에 작은 오류만 생겨도 왼쪽이 아닌 오른쪽을 돌게 되고, 그럼 바로 길을 잃는다.

이 일화는 의사소통을 잘하는 것이 얼마나 어려운지를 보여준다. 방향을 제시하는 사람의 관점과 설명을 듣는 사람의 관점이 부분적으로 다르기 때문이다. 따라서 누군가와 의사소통을 할 때는 상대방이 생각하는 대화의 맥락을 잘 알고 있어야 한다. 상대방의 입장을 이해하고 말하는 주제에 대해 상대가 무엇을 알고 있는지, 그리고 서로 가지고 있는 공통분모가 무엇인지 알기 위해 노력해야 한다. 그렇지 않으면 의사소통이 아주 어려워진다.

예를 들어, 나와 시차가 있는 국가에 사는 사람과 통화 약속을 할 때 몇 번이나 실수했는지를 생각해보자. 우리가 여기서 6시에 이야기하고 있다고 하자. 그런데 런던에 있는 상대방도 6시일까? 또 상대방에 대해 고려해야 할 점은 무엇인가? 우리가 길을 잃지 않으려면 공통분모를 만들어야 한다. 상대와 대화를 유지하는 건 마치 누군가와 춤을 추는 것과 같다. 그것은 우리 움직임이 상대방의 행동과 얼마나 조화를 이루느냐에 달린 협력 활동이다. 대화 상대가 이야기할 때도 똑같이 해야 한다. 상대의 말을 이해하고 싶다면 꼭 그렇게 해야 한다.

다른 사람의 입장을 생각하는 일은 쉽지 않다. 실제로 우리에게는 '자기중심적 편향'(Egocentric bias)이 있기 때문이다. 이것은 특정 상황에서 상대방이 나와 같은 정보와 관점을 갖고 있다고 생각하는 경향을 말한다. 간단히 말해, 내가 잘 보이면 상대방도 잘 보인다고 생각한다(자기 방식대로만 춤을 추는 것이다). 결과적으로 이중언어 사용 경험은 다른 사람의 입장을 생각하는 능력을 키우는 데 도움이 된다.

시카고대학교의 캐서린 킨즐러와 보아즈 케이자 교수가 진행한 연구를 보자. 관점 선택과 관련된 연구 사례에 도움이 될 것이다. 실험은 간단하지만 독창적이다.

이 실험에는 두 사람이 참여한다. 한 명은 '감독'으로 무슨 실험인지 알고 있고, 몇 가지 지시를 따르며 참가자와 동행한다. 감독은 상대편의 '순진한 참가자'(실험의 목적을 알지 못한다)에게 방향을 제시해야 한다. 이 두 사람은 다양한 물건이 놓인 작은 방안에 따로 들어간다. 어떤 물건은 순진한 참가자에게 보이지만, 감독에게는 보이지 않는다. 이 정보는 두 참가자가 모두 알고 있다. 따라서 순진한 참가자는 자신이 볼 수 있는 사물을 감독이 볼 수 없다는 사실을 알고 있다([그림 6] 참고). 여기서 순진한 참가자만 볼 수 있는 자극을 '주의를 흐트러뜨리는 물건'이라고 부른다. 그리고 이제 그 이유를 살펴볼 것이다. 감독이 순진한 참가자에게 '작은 차를 주세요'라고 요청한다고 해보자. 순진한 참가자의 눈에는 큰 차 1개, 중간 차 1개, 작은 차 1개, 이렇게 3개의 차가 보인다. 그래서 눈에 보이는 작은 차를 줄 것이다. 그러나 여기에 함정이 있다. 감독 눈에는 작은 차가 가려져 있어서 볼 수가 없다.

순진한 참가자는 자기에게 보이는 작은 차를 감독은 볼 수 없고, 감독의 눈에는 큰 차와 중간 차만 보인다는 사실을 알고 있다. 따라서 감독이 요구하는 소형차는 큰 차와 중간 차 중 하나이지 순진한 참가자가 보고 있는 작은 차는 원래부터 될 수가 없다. 그러므로 감독이 요구하는 차는 그의 눈에 보이는 중간 차일 수밖에 없다. 기본적으로 감독이 보는 대상물의 수는 순진한 참가자가 보는 대상물 수보다 적은 셈이다.

그렇다면 다음 내용이 궁금하다. 감독이 작은 차를 요청할 때 순진한 참가자는 무엇을 줄까? 감독 관점에서 생각한다면 그에게 중간 차를 주어야 한다. 즉, 참자가의 머릿속에서 다음과 같은 생각이 들어야 한다. '감독은 나에게 자기 눈에 보이는 작은 차를 요구했다. 내가 보기에는 차가 세 대가 있으니, 셋 중에 가장 작은 차를 주어야 하겠지. 하지만 나는 감독이 큰 차와 중간 차, 이렇게 딱 두 대만 볼 수 있다는 사실을 알고 있어. 따라서 감독이 요청한 작은 차는 바로 중간 차일 거야.'

아주 쉽지 않은가? 그러나 만일 참가자가 자기중심적 경향을 보여 상대방 입장을 고려하지 않는다면, 그는 셋 중에 가장 작은 차를 줄 것이다. 자기가 볼 때는(자기 관점이 더 중요하기 때문에), 이것이 감독이 요구한 물건이기 때문이다. 하지만 순진한 참가자처럼 행동하는 아이들은

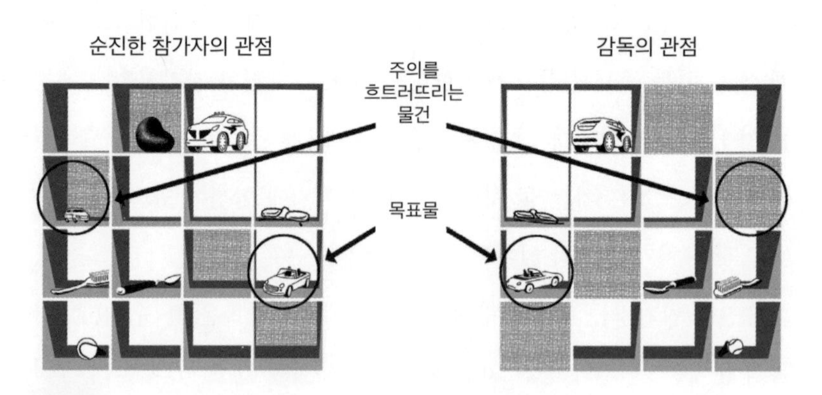

그림 6

감독과 순진한 참가자의 관점에서 바라본 목표물의 위치. 보는 것처럼 참가자만 볼 수 있는 대상을 감독이 생각할 수는 없다. 즉, 그 존재를 모르기 때문에 절대 그것을 말할 수 없다.

이 일을 하는 데 어려움을 보인다. 자기중심적 경향을 보이면서 상대의 관점이 아닌 자기 관점에서 생각한 물건을 주기 때문이다. 여기에 흥미로운 사실이 있다. 단일언어를 사용하는 4~6세 사이 아동의 약 절반은 잘못된 대상을 선택하는 반면, 이중언어 사용 환경에서 성장한 아동은 20% 정도만 잘못된 대상을 선택했다.

또한, 아동이 제대로 과제를 수행했는지 여부에 상관없이(그들은 자기 관점에서 올바른 물건을 감독에게 주었다), 지시를 듣고 나서 시선이 어디로 향하는지 평가했다. 즉, 그들의 첫 반응을 측정했다. 단일언어자들은 다른 물건들보다 주의를 흐트러뜨리는 물건을 더 자주 보았다. 즉, 상황에 대한 그들의 첫 평가는 자기중심적이었다. 그러나 놀랄 일이 있다. 이중언어를 쓰는 아이들은 현재 두 언어의 실제 사용 여부와 상관없이 좋은 결과를 얻었다. 이중언어 환경에서 자란 것만으로도 더 나은 결과가 나왔다.

이 결과는 이중언어 환경 속에서 자란 아동에게는 다른 사람의 입장에서 생각할 수 있는 능력이 더 일찍 발달하고, 자기 관점을 상대방의 관점에 따라 바꿀 수 있음을 시사한다. 따라서 다음에 길 찾기를 요청할 일이 있다면 부디 이중언어자를 만나길 바란다.

상대편 입장에서 생각할 줄 아는 능력은 아마도 다른 사람의 의도를 알아채거나, 다른 사람의 생각을 읽어야 하는 발달 초기의 환경과 관련이 있을 것이다. 놀랄 필요는 없다. 이건 텔레파시나 영매 등과는 상관없는 이야기다. 우리는 모두 함께하는 동료나 친구들의 마음을 끊임없이 읽는다. 상대의 머릿속에 각자의 의도와 바람, 지식 등이 있고, 그것이 우리 것과 다르다는 사실도 안다. 이것은 공감 능력과 다른 사람 입장에서 생각하는 능력을 개발하는 데 꼭 필요하다. 간단히 말하자면, 우리는 다른 사람도 우리처럼 생각이 있고, 그런 생각 중에 나눌 수 있는 게 있고 그럴 수 없는 게 있음을 알고 있다. 어린 시절의 이런 발달을 '마음 이론'(theory of mind: 마음이 어떻게 이루어져 있고 마음과 행동이 어떻게 연관되어 있는지에 대한 이해-옮긴이)이라고 부르는데, 이것은 우리의 기본 능력으로 매우 중요하다. 또한 이는 공감 능력을 키우고 사회화에 결정적인 역할을 할 뿐 아니라, 거짓말하는 능력도 발휘하게 한다. 아는 선생 중 한 분은 '아들이 당신에게 거짓말을 할 때 기뻐하라, 그러나 단 처음에만' 하고 말했다.

이처럼 두 언어에 노출된 아동이 단일언어만 사용하는 아동보다 더 일찍 마음 이론을 발달시킨다는 것을 보여주는 증거들이 있다. 그렇다면 아이들에게 다른 사람의 마음을 읽는 능력이 있음을 어떻게 알아볼 수 있을까? 이탈리아에서 틀린 생각 과제(false belief test)를 사용한 연구가 있었다. 여기서 실험자는 아이들에게 다음 이야기를 들려주었다. "한 소년이 주방에 놓인 빨간 통 속에 초콜릿을 집어넣고, 다시 방으로 들어가서 논다. 소년이 방에서 노는 동안, 어머니는 주방에 들어가서 초콜릿을 다시 종이 상자에 넣어 둔다." 이 이야기를 들려준 후에 이런 질문을 한다. "소년이 주방에 가면 어디에서 초콜릿을 찾을까?" 물론 정답을 맞힐 것이다. 바로 자신이 초콜릿을 넣었던 빨간 통이다. 이 질문에 제대로 대답하려면, 참가자는 아이가 방에서 놀고 있을 때 주방에서 벌어진 모든 일 즉, 소년은 초콜릿을 넣어 둔 빨간 통을 뒤지겠지만, 초콜릿은 종이 상자 속에 있다는 사실을 알고 있어야 한다.

이 대답을 하려면, 참가자는 이야기 속 소년 입장에서 생각해야 한다. 즉, 다른 사람의 관점에서 보아야 하는 것이다. 자신이 아는 것과 이야기 속의 소년이 알 수 있는 내용을 구별해야 한다. 간단히 말해, 다른 사람의 마음을 읽으려면 자기 마음에 있는 내용과 '분리'할 수 있어야 한다. 그런데 네 살까지의 대부분 아이들은 이 정답을 맞히지 못한다. 그들은 소년이 초콜릿을 찾아 종이 상자 근처에 갈 거라고 생각한다. "종이 상자 안에 초콜릿이 있다는 걸 난 알고 있어. 그러니까 소년도 거기서 그것을 찾겠지"라고 말할 것이다. 이 연구 결과에 따르면, 약 네 살까지의 아이 중 루마니아어와 헝가리어를 사용하는 이중언어자의 60%가 이 과제를 맞췄고, 루마니아어만 사용하는 단일언어자들은 25%만이 정답을 말했다. 놀랍지 않은가? 아동 이중언어자들은 단일언어자들보다 더 일찍 '마음 이론'이 발달하는 것 같다.

그렇다면 이중언어를 사용하는 일이 어떻게 상대방 입장을 생각하는 능력의 발달로 이어지는 것일까? 아마도 아기 이중언어자가 엄마와 아빠가 하는 소리를 구별해야 하는 상황 때문일 것이다. 즉, 어렸을 때부터 부모가 각각 다른 언어로 말하면 부모의 마음도 어느 정도는 다르다는 가설을 세우는 데 도움이 되었을 것이다. 만일 아빠의 마음이 다르다면, 엄마의 마음도 다르다는 뜻이다. 이 능력의 발달을 돕는 것은 바로 이런 상황이다. 물론 이건 단지 가설일 뿐이다.

다행히 성인인 우리 모두는 틀린 생각 과제를 통과할 수 있다. 그렇다고 우리 모두가 다른 사람의 입장에서 생각할 수 있다는 뜻은 아니다. 그렇다고 공감하는 사람들이 점점 더 많아지고 있다는 사실을 이해시키려고 다른 실험 결과들을 제시할 필요는 없을 것 같다. 하지만 틀린 생각에 관한 좀 더 복잡한 과제를 통해서, 이중언어 사용이 자기중심적 경향을 줄임으로써 성인기에도 영향을 미친다는 결과가 나왔다는 사실을 알면 놀랄 것이다.

이중언어를 사용하면 뇌가 어떤 모양이 될까?

여기서는 이중언어 사용 경험으로 일부 뇌 회로 및 구조 기능과 뇌 모양이 변할 수 있다는 증거를 살펴볼 것이다. 이번 내용은 좀 기술적인 설명이라 혼란스러울 수도 있다. 언어의 피질 표상과 관련된 내용에 전혀 관심이 없다면 다음 장으로 건너뛰고, 관심 있는 분만 읽으라.

학습 과정은 뇌에 영향을 준다. 뇌 가소성 덕분에 학습이 가능한데, 새 정보를 저장하면 뉴런 간에 새로운 연결망이 생긴다. 우리는 평생 살면서 새것을 배운다. 단어와 전화번호, 지형, 오믈렛 성분, 도시의 거리명, 좋아하는 축구팀 선수들, 주기율표 원소명, 대구 볶음밥에는 완두콩을 넣는 것이 좋다는 등 주변 세상에 대한 사실이나 정보를 배운다. 이런 종류의 정보를 어떻게 기억하고, 신경퇴행성 질환이 진행되면 또한 어떻게 사라지는지를 볼 수 있다. 그러나 동시에 뭔가를 하는 법도 배운다. 즉, 걷기와 자전거 타기, 수영, 차 운전, 말하기와 읽기 등을 배운다. 이것은 자동화 활동을 위한 정보로, 절차정보(procedural information)라고 부른다.

언어 학습은 한쪽에서는 어휘(단어) 습득, 다른 한쪽에서는 그 단어들을 결합하는 문법적 과정(통사론)을 필요로 하기 때문에 이 두 종류의 정보를 다 알아야 한다. 그렇다면 두 언어의 습득과 사용은 뇌에 어떤 영향을 미칠까? 다른 말로 하자면, 언어 처리를 담당하는 뇌 신경망에서 이중언어자의 뇌와 단일언어자의 뇌는 어떻게 다를까?

이 질문에 대답하려면 신경 촬영법 기술을 활용한 정보를 파악하는 것이 중요하다. 몇몇 기능 연구에 따르면 이중언어자와 단일언어자가 모국어를 처리할 때 특정 뇌 영역의 활성화 수준에 차이가 있었다. 여기서 우세 언어를 다룬 부분이 중요하다. 모국어와 제2언어의 처리 과정 차이가 아니라(이것은 이미 제2장에서 논의했다), 이중언어자와 단일언어자 사이에서 우세 언어인 모국어 처리 과정이 어느 정도 차이 나는지를 알아보기 위해서다. 다비드의 테니스와 스쿼시 운동 비유로 돌아가 보자. 거기에서 관건은 두 운동의 학습이 처음 배웠던 운동의 피질 표상에 어떤 영향을 주는가에 있었다. 즉, 스쿼시 학습이 테니스 학습의 피질 표상에 주는 영향을 파악하는 것이 중요했다.

이 문제를 다룬 최고의 연구는 런던대학교의 신경과학자인 캐시 프라이스와 동료들의 연구일 것이다. 여기서는 그리스어와 영어를 둘 다 능숙하게 구사하는 이중언어자와 영어만 사용하는 단일언어자가 언어 관련 작업 시 생기는 뇌 활동을 연구했다. 언어 이해 작업에서 두 그룹의 뇌 활동은 매우 유사하게 나타났다. 그러나 그림 이름 지정이나 큰 소리로 읽기 같은 언어 산출과 관련된 작업에서는 차이가 났다. 특히 이중언어자의 좌뇌 전두엽과 측두엽에 위치한 다섯 개의 뇌 영역은 활성화되었다. 연구진이 발견한 각 영역의 구체적인 해석을 언급하면서 독자들을 지루하게 만들고 싶지는 않다. 단지, 이 뇌 영역들이 사용 빈도와 언어 통제 효과와 관련 있음을 언급하고 싶었다.

중요한 것은 적어도 이 연구에서는 이중언어자와 단일언어자 사이에 뇌의 활성화 영역에서 유의미한 차이가 나타나지 않았다는 사실이다. 대체로 비슷했지만, 이중언어자의 활성화 강도가 좀 더 높았다. 연구진은 이 결과를 토대로 각 언어의 사용 감소나 간섭을 통제할 필요성 또는 이 두 가지 이유로, 이중언어자는 단일언어자보다 말할 때 더 힘이 필요하다고 해석했다. 다른 그룹과 함께한 다른 연구에서도 비슷한 결과가 나타났다. 실제로 제2언어가 비우세 언어일 때 활성화 강도가 더 과도하게 나타났다. 이 결과는 제2언어의 학습과 사용이 모국어의 뇌 표상에 중요한 영향을 끼치지는 않지만, 언어를 말할 때 처리 과정에 필요한 노력에는 영향을 미친다는 것을 암시한다.

그러나 또 다른 연구에서는 이중언어 사용과 관련된 몇 가지 특이성을 볼 수 있다. 그중, 카스테욘의 하우메대학교의 세사르 아빌라 교수가 이끈 연구에서는 스페인어와 카탈루냐어를 사용하는 이중언어자와 스페인어만 사용하는 단일언어자가 모국어인 스페인어로 다양한 과제를 할 때 나타나는 두뇌 활동을 비교했다. 위에서 설명한 것처럼 활동이 단어 청취에 한정되면 그룹 간 차이는 매우 작았다. 그러나 참가자에게 그림의 이름을 말하게 할 때는, 이중언어자가 단일언어자보다 더 넓은 뇌 신경망을 사용하는 것으로 관찰되었다. 즉, 이중언어자는 언어 처리와 밀접하지 않은 영역들을 통합했다. 이것은 말할 때만 사용하는 전두엽의 뇌 영역이 있다는 것을 의미한다.

이 결과를 바탕으로 보면 이중언어자의 모국어 피질 표상은 일반적으로 단일언어자의 그것과 상당히 유사하다. 언어 처리가 이루어지는 기본 영역은 두 사용자의 뇌에서 모두 활성화된다. 그러나 그렇다고 이중언어 사용이 그 영역에 전혀 영향을 끼치지 않는다는 뜻은 아니며,

관찰한 것처럼 이 중 일부는 '더 열심히 움직여야' 할 수도 있다. 따라서 이중언어자의 뇌에 활성화되는 특정 영역이 있을 거라는 생각을 일찍 포기할 필요는 없다. 또한, 이런 영역들은 통제 과정과 관련이 있고 언어 지식의 표상과는 관련이 없을 가능성이 높다.

언어 사용에 따른 뇌의 구조 변화

바로 앞에서 다양한 언어 과제 활동 수행 시 뇌 활동을 측정한 연구를 소개했다. 두 언어의 학습과 사용은 뇌 기능뿐 아니라 뇌 구조에도 영향을 주는 것 같다. 뇌 구조 관련 연구에서는 기본적으로 두 가지 측면, 즉 뇌 속의 회색질과 백색질의 밀도나 부피를 참고한다. 회색질 밀도는 대뇌 피질의 정해진 공간에 있는 뉴런체와 시냅스의 숫자로 결정한다. 백색질 밀도는 미엘린(myelin: 신경 섬유의 축색을 감싸는 피막-옮긴이)으로 덮인 신경 섬유들로 정해지며, 기본적으로 유수 축색(myelinated axons)을 포함한다. 이것은 뉴런 사이의 정보를 전달하는 토대이고 미엘린은 신경 충동을 안정적으로 전달하는 절연체 역할을 한다(전기 케이블을 덮는 플라스틱처럼). 쉽게 말하면 회색질은 정보를 계산하고 백색질은 그 정보를 한 장소에서 다른 곳으로 전달하는 역할을 하는 케이블인 셈이다.

이 두 물질의 밀도는 새로운 기술을 배울 때마다 변한다. 예를 들어, 『네이처』에 발표된 연구에 따르면, 저글링 훈련은 복잡한 시각 운동 정보의 처리 및 저장과 관련된 회색질 뇌 영역에 많은 변화를 일으킨다. 또 다른 연구에 따르면, 이러한 변화는 오로지 일주일 정도의 기간에만 발생한다. 반면에 최근 『네이처 뉴로사이언스』(*Nature Neuroscience*) 저널에 발표된 연구에서는 저글링 훈련의 영향이 백색질 구조에서도 나타났다. 학습을 하면 뇌가 변하는데, 지식은 뇌의 자리를 차지하거나 적어도 뇌 아키텍처(brain architecture)를 수정한다고 할 수 있다.

사실, 우리는 뇌 구조를 바꾸는 훈련에 별도로 참여할 필요가 없고, 매일 하는 활동만으로도 그 구조가 바뀐다는 사실을 알고 있다. 아마도 이 주제에 관한 가장 유명한 사례는 런던 택시 운전사들의 뇌 구조 변화에 관한 내용일 것이다. 여기서는 평균 14년의 택시 운전 경력을 가진 집단의 뇌 구조와 그렇지 않은 통제 집단의 뇌 구조를 비교했다. 통제 집단은 여러 변수는 같지만, 택시 운전 경험이 없는 사람들이었다. 그때는 지금처럼 내비게이션이 상용화되지 않았기 때문에 택시 운전자는 런던의 전체 지도를 머리에 넣고 다녀야 했다. 연구진은 택시 운전사의 왼쪽 및 오른쪽 해마의 전방, 공간 표상의 저장과 밀접한 영역에 회색질이 더 많다는 흥미로운 사실을 발견했다. 또한, 이동 경험과 회색질 부피 사이에는 상관관계가 있었다. 즉, 더 오래 운전을 한 사람의 회색질 부피가 더 컸다. 이 결과는 우리가 매일 하는 활동이 뇌 구조화에 영향을 미친다는 것을 시사한다. 행동과 학습이 뇌의 모양을 만든다.

문제는 두 언어 습득이 어떤 식으로 뇌 해부학 또는 구조적 아키텍처(structural architecture)에 영향을 미치는가이다. 이전 단락의 '기능적 뇌 아키텍처'(functional brain architecture)와 구별하기 위해 이 표현을 사용하겠다. 이 문제를 분석한 첫 번째 연구는 2004년 『네이처』에 게재되었는데 안드레아 미쉘리와 공동 연구진이 실시했다. 이들은 이중언어자와 단일언어자의 특정 영역의 뇌 구조를 비교해서 구체적으로 제시했다. 결과를 보면 이중언어자의 좌뇌 하두정엽 피질의 회색질 밀도가 단일언어자보다 높은 것으로 드러났다. 이것은 어린 시절에 제2언어를 배웠을 때뿐만 아니라, 그 이후에 배웠을 때도 똑같이 나타났다. 또한, 더 광범위한 제2언어를 사용하는 이중언어자의 해당 뇌 영역에서 더 높은 밀도를 보였다. 이런 결과를 통해 연구진은 제2언어의 어휘 학습이 특정 뇌 영역의 회색질의 발달에 영향을 미친다고 발표했다.

특정 뇌 영역의 가소성은 새 단어뿐 아니라, 소리 습득에서도 영향을 받았다. 조음(articulation: 언어음의 산출에 참여하는 음성기관의 움직임-옮긴이)과 음운론 과정에 관련된 영역인 왼쪽 조가비핵(left putamen)의 회색질 밀도가 다국어 사용자에게 더 높게 나타난다. 따라서 보다 광범위한 음운 목록과 각 언어의 조음 운동 통제는 이런 표상을 담당하는 영역들의 구조에 영향을 미친다.

그러나 단일언어자와 이중언어자의 뇌 구조를 비교한 연구들은 결과를 놓고 인과적 해석을 시도할 때는 문제가 생긴다. 즉, 닭이 먼저냐 달걀이 먼저냐의 문제이다. 우리는 이중언어 경험이 뇌 모양을 결정하는지 아니면 특별한 뇌 구조를 가진 사람들이 언어를 배우는 데 더 많이 준비되어 있어 더 쉽게 이중언어를 사용할 수 있는지 확신할 수 없다. 만일 뇌 모양이 결정되어 있다면, 이중언어 환경에서 자라더라도 뇌 구조에 별 영향을 주지 않을 것이다. 따라서 두 변수는 서로 관계가 있지만, 이것이 인과 관계는 아니라고 볼 수 있다.

좀 더 실질적인 예를 들어보자. 농구 선수와 축구 선수의 키를 비교해보면 서로 다르다는 것을 알 수 있다. 그러나 이것이 농구를 하면 키가 더 커지고 축구를 하면 키가 작아진다는 뜻은 아니다. 더 정확하게 말하자면 키가 커서 농구를 한다. 따라서 이런 식으로 보면 특정 뇌 영역에 회색질 밀도가 높은 사람이 더 쉽게 제2언어를 배우고, 이중언어자가 될 수 있음을 의미한다.

인과적 해석으로 생기는 문제를 해결하는 방법이 두 가지 있다. 첫 번째는 제2언어를 학교에서처럼 정해진 방식으로 배운 게 아닌, 이중언어 환경에서 태어났거나 경험한 이중언어 사용자를 평가하는 방법이다. 말하자면, 그들의 뇌 구조가 어떻든지 그저 영어와 스페인어를 사용하는 가정에서 태어났기 때문에 두 언어를 배우게 된 아이를 대상으로 평가한다. 즉, (부모가 농구를 하면) 자녀가 키와 관계없이 농구를 할 수 있을 것이다. 따라서 단일언어자와 이중언어자의 뇌 구조 차이를 발견했다면, 이것은 정해진 규칙에 따라 이중언어를 습득해서가 아니라, 그들의 이중언어 사용 경험이 그렇게 만들었다고 할 수 있다. 관련 연구 몇 개를 살펴보자.

스페인어와 카탈루냐어를 사용하는 환경에서 자랐기에 이중언어를 하게 된 사람들을 연구한 결과, 좌측 헤쉴 이랑(Heschl's gyrus)의 회색질과 백색질의 부피가 모두 단일언어자보다 큰 것으로 나타났다. 이 영역은 음운 처리와 관련이 있기 때문에, 연구진은 상대적으로 다른 소리를 내는 두 언어 경험이 그 처리 과정을 맡는 뇌 영역의 발전에 영향을 주었다는 결론을 내렸다. 그러나 이 영역만 부피가 증가하는 건 아니다. 스페인어와 카탈루냐어를 사용하는 이중언어자들이 사는 마을에서 시행한 연구에서, 회색질 차이는 뇌의 깊숙한 곳에 있는 영역에서도 발생한다는 사실이 관찰되었는데, 예전에는 언어의 산출과 이해처럼 복잡한 과정에서는 이 영역의 간섭이 덜하다고 생각해왔다. 하지만 오늘날에는 기저핵(basal ganglia)과 시상(thalamus)을 포함하는 이 영역이 말소리를 내는 일에 관여하고 있음을 알고 있다([이미지 2] 참조). 이중언어자는 더 많고 다양한 소리를 만들어 내는 법을 배워야 하기 때문에 이런 구조가 특별한 영향을 미친다는 의견이다.

이중언어 사용과 뇌 변화의 인과 관계를 정하는 또 다른 방법은 언어 학습이 뇌 구조에 미치는 영향을 측정하는 연구이다. 이 연구에는 비용이 든다. 가장 이상적인 방법은 종단 연구법인데, 다양한 시점에서 참여자에 대한 분석이 필요하다. 한 연구에서는 독일어(제2언어) 집중 교육 기간에 영어(모국어) 사용자들에게 나타나는 변화를 검토했다. 독일어 교육 환경에서 독일어를 배우기 시작한 지 5개월이 지난 후에 뇌를 측정했다. 언어를 배우기 시작한 시점과 비교해 학습 기간과 언어 관여 영역인 좌뇌 하전두회(inferior frontal gyrus)의 회색질 밀도 변화 사이의 상관관계를 관찰했다. 독일어를 더 많이 배운 사람은 그 영역의 회색질 밀도에서 큰 변화를 보였다. 단, 이 관계는 제2언어 습득 역량에 따른 최종 수준과는 무관함에 유의하길 바란다. 학습의 시작 단계와 끝 단계에서의 차이만을 말한다. 이 관찰에서 중요한 것은 참여자의 향상된 수준이지, 어디까지 도달했느냐가 아니다.

다른 연구에서는 제2언어 습득 연령이 뇌 구조에 끼치는 영향을 분석했다. 한 연구에서 아주 흥미로운 특징이 나타났다. 유년기 이후 제2언어를 배운 이중언어자는 단일언어자보다 좌측 전두회(frontal gyrus)의 회색질이 더 많고, 우측 전두회의 회색질은 더 적었다. 놀랍게도 동시적 이중언어자(출생부터 둘 이상의 언어에 동일하게 노출되어 둘 이상의 언어가 동일하게 발달한 사람-옮긴이)에게는 이런 결과가 나타나지 않았는데 이들은 단일언어자와 차이가 없었다.

이 연구를 더 깊이 들여다보면 이중언어 사용 경험은 백색질의 발달에도 영향을 미치는 것 같다. 그러나 이 부분에 대한 다양한 연구 결과를 보면 명확한 결론이 많지 않다. 따라서 일부 연구에서는 뇌량(Corpus callosum: 좌우 대뇌 사이에 위치해 이들을 연결하는 신경 세포 집합-옮긴이)의 변화가 나타났지만, 또 다른 연구에서는 후두전두 신경 다발(occipitofrontal fascicle)의 차이가 나타났다. 다음 장에서 논의할 연구에서도 다른 뇌 섬유에서 변화가 나타났다.

마지막으로, 인지와 뇌 및 언어 연구센터(BCBl)의 마누엘 카레이라스 같은 몇몇 연구진이 지적한 것처럼, 현재 이중언어 사용이 어떻게 뇌의 모양을 만드는지에 관한 증거는 매우 복잡하고 혼란스럽다는 사실을 알아두는 게 중요하다. 또한, 다양한 연구 결과가 서로 일치하지 않고 이중언어 사용에 영향을 받는 영역에 관해 정확하고 신뢰할 만한 정보를 제공하는 출판물도 많지 않다. 이것은 분명 문제지만, 한편으로는 두 언어 사용자의 일상적인 활동과 뇌 가소성 간의 상호 작용을 계속 탐구할 기회이기도 하다. 따라서 앞으로 몇 년간은 이 분야가 확실히 발전할 것이다.

지금까지 이중언어 사용 경험이 언어 처리에 미치는 영향에 대해 살펴보았다. 주로 이중언어자와 단일언어자의 언어 처리에 관해 비교해보았다. 결과적으로 이중언어 사용이 어휘량 감소뿐만 아니라 언어 산출 과제에서 어휘집에 접근하는 데 어려움을 보일 수 있다는 사실도 보았다. 동시에 이중언어 사용 경험으로 타인의 마음을 읽거나 그 입장에서 생각하기 유리하다는 사실을 확인해주는 몇 가지 상황도 설명했다.

끝으로 이중언어 사용이 특정 뇌 구조 발달에 미치는 영향을 보여주는 연구에 관해서도 분석했다. 이중언어 사용과 뇌 활동이 어떻게 상호 작용하는지 살펴본 내용은 분명 유익하지만, 그 효과와 중요성은 상대적으로 그리 크지 않다는 점도 강조했다. 결국 이중언어 사용은 우리의 언어 발달과 능력에 영향을 미치는 요소 중 하나일 뿐이다. 그러므로 이중언어 경험이 주는 혜택이나 문제에 대해 쓴 글이나 말을 접할 때 신중해야 한다. 적어도, 과학을 그런 목적으로는 사용하지 말아야 한다. 많은 연구 결과물이 말하는 내용은 그들이 말하는 내용과 다르기 때문이다. 반복해서 미안하긴 하지만, 꼭 다시 강조하고 싶은 말이었다.

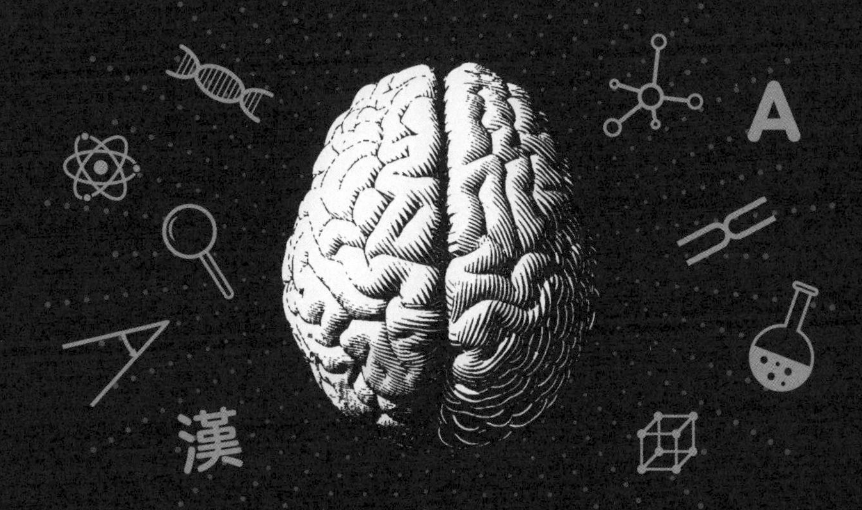

이중언어 사용은 노화를 늦추는가

나는 맨해튼의 한 호텔에서 이 글을 쓰고 있다. 지금 이중언어 사용이 주의 체계에 미치는 영향에 대한 주제로 강연을 준비하고 있다. 내가 살던 곳과 전혀 다른 도시를 걷다 보면 끝없이 우리를 끌어당기는 수많은 자극을 경험한다. 광고판 불빛, 교통 소음, 소방 사이렌, 길을 걷는 수많은 사람, 그리고 음식점에서 날아오는 냄새 등 한이 없다. 모두 다 끊임없이 우리 주의를 끌며 자극한다. 이 도시는 모든 감각을 경험하는 곳일 뿐만 아니라, 주의력을 시험하는 장소이기도 하다. 이렇게 산만하게 주의를 흐트러뜨리는 게 많아도, 제시간에 강연장에 도착해야 하기 때문이다. 한마디로 재미있지만 피곤하다. 이번 장에서는 이중언어 사용이 여러 인지 능력 중에서 '주의력'에 어느 정도로 영향을 미치는지를 확인하고자 한다.

내가 준비한 강연 주제는 아마도 과학계를 비롯한 사회 전반에서 관심 있게 지켜보는 내용일 것이다(부분적으로는, 미디어가 관심을 끌게 한 점도 있다). 즉, 이중언어 사용은 주의력 향상에 얼마나 도움이 될까? 만일 도움이 된다면, 이중언어 사용이 사회적, 문화적, 경제적 차원뿐만 아니라, 중요한 실행 기능 발달에도 긍정적인 영향을 미친다고 할 수 있을 것이다. 이 증거는 거의 반세기 전에 나왔던 의견과는 정면 대치되는 내용이다. 예전에는 이중언어 사용 경험이 인지 문제를 일으킨다고 생각했기 때문이다.

이 가설은 이중언어자의 언어 통제가 '실행 통제 체계'와 같은 과정이라는 생각에 근거한다. 이중언어자는 언어를 처리하는 동시에 중앙 실행 기능의 일부를 형성하는 해당 뇌 구조를 움직이고 처리해야 한다는 것이다.

예를 들어보자. 제2장에서 특정 모델에 따라 이중언어자가 한 언어를 사용할 때 '비사용 언어'라던 다른 언어의 표상도 활성화된다는 사실을 확인했다(중국어와 영어를 쓰는 이중언어자들의 실험을 떠올려보자). 또한, 비사용 언어의 간섭을 피하고자 해당 표상이 잠재적 경쟁자가 되지 않게 하려는 억제 메커니즘이 작동된 것 같다고도 설명했다. 이것은 마치 우리가 무의식중에 언어를 더듬지 않고 잘 섞어 쓰는 것과 같다.

그러니까, 이 가설에는 내가 강연장에 갈 때 내 관심을 끄는 모든 자극에 영향을 받지 않으려는 것과 같은 이치가 깔려 있다. 즉, 핫도그 냄새와 소방 사이렌 등 매력적이지만 내 목표(강연장 도달)와 관련 없는 자극들은 실행 통제 체계에 걸려 무시되거나 금지된다. 그리고 그런 억제 과정은 언어를 통제할 때 이중언어자가 쓰는 방법과 비슷하다. 이 가설이 사실이라면, 인간은 '토킹 헤즈'(말하는 머리)이고, 언어 사용에 많은 시간을 쓰기 때문에 이중언어자의 언어 통제와 실행(때로는 저글링)은 더 효율적이고 더 높은 주의력 체계 안에서 언어 간 번역이 이루어진다고 할 수도 있다. 정말 아름다운 가설이다. 그렇지 않은가?

이 가설을 실험으로 평가하는 법을 설명하기 전에 몇 가지를 더 확인해보자.

첫째, 이중언어 사용은 실행 통제 체계와 관련된 뇌 신경망에 영향을 주고, 그 효과는 기능에 분명 도움이 된다. 또한, 행동 관점에서 평가할 수 있는 내용이어야 한다. 즉, 시스템을 포함하는 작업에서 더 나은 성과가 나오는지 살펴봐야 한다. 만일, 이중언어자가 맨해튼 거리를 걸을 때 단일언어자보다 방향을 더 잘 찾아서 서두르지 않고 강연장에 도착할 수 있다면, 그것을 이점으로 평가할 수 있다. 하지만 둘 다 똑같은 시간에 강연장에 도착하면서 서로 다른 뇌 신경망을 사용한다면 이것이 주의력에 도움이 된다고 할 수 있을지 모르겠다. 물론 이 마지막 사례는 이론 관점에서는 흥미롭고 중요하지만, 행동 측면에서 도움이 된다고 할 수는 없다.

둘째, 이중언어 사용 효과의 정도를 정하는 것이 중요하다. 우리가 일상에서 하는 활동은 대부분 운전하고 커피 마시는 것이나 일을 하면서 전화 통화하는 것과 같은 실행 통제 체계이다. 따라서 이중언어 사용이 어떤 면에서, 그리고 어느 정도 더 실행 효율성에 도움이 되는지 그 정도를 확인해야 한다. 이 두 부분은 앞으로 살펴볼 것이다.

언어 사용과 시몬 효과

설문 조사에 따르면, 운전자 10명 중 8명은 자신의 운전 실력을 평균 이상이라고 생각했다. 물론 실제로는 나올 수 없는 결과다. 표본에 큰 오류가 없었다면, 그리고 최고의 운전자만 골라서 질문을 한 게 아니라면, 이 숫자는 우리가 자신을 얼마나 과대평가하고 있는지를 보여준다(연애 능력에 대한 질문에도 비슷한 결과가 나온다). 물론 나는 이 질문에 평균 이하라고 생각한다. 운전에 관해서만은 그렇다.

운전은 주의 체계와 관련된 도전이다. 우리가 가려는 곳으로 생각을 집중시키고, 혼란스럽게 하는 불필요한 정보를 무시해야 하며, 위험한 일이 생기면 빨리 반응하는 등의 행동을 해야 한다. [그림 7]을 보고 이런 상황에서 어떻게 해야 할지 생각해보라. 운전하는 동안에는 앞에서 언급한 것에는 신경 쓰지 않는 것처럼 보인다. 그러나 우리는 무의식적으로 신경을 쓰고 있다. 이중언어자가 대화할 때도 같은 일이 벌어진다. 2~3장에서 본 것처럼, 이들은 다른 언어의 심한 간섭을 피하면서 원하는 언어로 유창하게 대화하게 해주는 자동 통제 체계를 활용한다. 이제 이어서 언어 통제가 주의 과정(attentional processes)에 영향을 끼칠 수 있다고 평가한 여러 연구를 살펴보자.

인지심리학자는 복잡한 문제를 다루기 위해 독창적 실험 상황을 만드는 데 일가견이 있다. 1960년대에 이루어졌고, 이것을 발견한 과학자의 이름을 따서 '시몬 효과'(Simon effect)라고 부르는 실험이 있다.

컴퓨터 화면에 빨간색이나 초록색 원을 차례로 보여주고 참가자들에게 초록색 원이 나타나면 오른손으로 자판(예, 컴퓨터 자판 M)를 누르고,

그림 7

모순된 정보를 계속 찾아내는 실제 사례를 보자. 이런 모순은 주의력 실행 통제 체계로 해결해야 한다.

빨간 원이 나타나면 왼손으로 자판(예, 자판 Z)을 누르도록 한다. 이게 끝이다. 쉽고 지루한 실험이다. 다른 실험과는 어떤 차이가 있을까? 원이 화면 중간에 나타날 수도 있고, 오른쪽 또는 왼쪽에 나타날 수도 있다. 원칙적으로 위치, 즉 원이 나타나는 위치는 참가자의 과제와는 전혀 상관이 없고, 단순히 원의 색깔에 따라 어느 손으로 반응해야 하는지만 결정하면 된다. 그러나 오른손으로 키를 누를 때(초록색 원), 원이 화면 왼쪽에서 나타나면, 같은 답변을 하더라도 오른쪽에 나타날 때보다 응답 시간이 더 늦다(빨간색 원도 마찬가지다. 빨간 원이 오른쪽에 나타나면 왼쪽에 나타날 때보다 응답 시간이 늦었다). 참가자는 원이 나타나는 방향을 무시하지 못하는 것처럼 보이고, 자판키를 눌러야 하는 손의 방향과 일치하지 않으면 충돌이 생기기 때문에 이를 해결하기 위해서는 더 많은 시간이 필요하다. 이것을 '시몬 효과'라고 부른다. 즉, 자극이 응답하는 키 위치와 동일할 때와 다를 때 응답 시간에 차이가 생기는 것을 말한다. 누군가가 당신에게 오른쪽으로 돌아야 한다고 말하면서 손으로는 왼쪽으로 돌아가는 표시를 한 적이 없는가? 실생활에서 쉽게 볼 수 있는 시몬 효과가 바로 이것이다.

캐나다 요크대학교의 엘렌 비알리스토크 교수의 연구에 따르면 이중언어자는 단일언어자보다 시몬 효과를 더 '적게' 경험한다. 즉, 이중언어자는 불일치 조건 때문에 생기는 갈등을 덜 겪는다. 또한, 그 차이는 30세부터 전 연령층에 발생했지만, 60대부터는 더 커졌다. 물론, 60세 이후에는 그 나이의 영향이 인정되었지만, 참가자들 중 단일언어자들이 훨씬 더 많이 시몬 효과를 경험했다. 이 결과는 이중언어 사용 경험이 주의를 집중하거나 관련 정보와 비관련 정보 간의 충돌을 해결하는 능력에 영향을 미친다는 것을 의미한다.

결정적으로 이것은 언어 체계와 거의 관련 없는 공간 과제에서도 나타나는데, 이는 이중언어 사용이 일반 실행 통제 체계, 가령 운전할 때에도 영향을 미친다는 것을 나타낸다. 물론 이것도 집에서 친구들과 해볼 수 있는 실험이다. 먼저 손가락 두 개를 보여주면 오른손을 올리고, 손가락 한 개를 보여주면 왼손을 올리도록 요청한다. 자 이제 시작해보자. 왼손 손가락을 한 개 보여주고, 그다음에는 왼쪽 손가락 두 개를 보여주는 등 같은 방향과 다른 방향을 섞어서 자극을 준다. 특별히 와인을 곁들인 저녁 식사를 하면서 이 문제를 내면 부조화 자극 앞에서 친구들은 헷갈리며 시몬 효과를 직접 보여준다. 대상이 이중언어자라고 해도 박장대소하게 된다.

이중언어자가 갈등 해결에 유리하다는 비슷한 연구 결과는 많았지만, 여전히 의심되는 여지가 있고 이런 결과가 반복해서 나타날지는 계속 살펴볼 일이다. 『인지』(*Cognition*) 저널에 실린 또 다른 예를 살펴보자. 2008년 바르셀로나대학교의 한 연구소에서 실시한 연구는, 주의력이 최고조에 올랐을 때 이중언어 사용 경험이 갈등 해결 능력에 영향을 준다는 것을 증명했다. 과연 주의력이 최고조에 올랐다는 것은 무슨 뜻일까? 다른 영역에 비해 성숙 속도가 느린 뇌 영역 중 하나가 바로 전전두엽 피질이다. 이곳은 주의력 통제와 직접 관련 있다. 이 영역은 사춘기까지 발전하고 이십 대에 최고 기능을 발휘한다.

그러나 안 좋은 소식도 있다. 비록 느리긴 하지만, 30세부터 그 기능이 쇠퇴하는 것이다. 그래서 운동선수의 최고 전성기를 25살에서 30살까지로 보는 것 같다. 이때가 바로 가장 빨리 갈등을 극복할 수 있는 시기이기 때문이다. 따라서 이삼십 대의 이중언어 사용이 주의력에 긍정적 영향을 주는지 알아보기 시작했다. 이 연구를 위해 200명의 참가자를 모집했다. 스페인의 여러 대학에 온 참가자 중 100명은 스페인어와 카탈루냐어를 했고, 나머지 100명은 스페인어만 했다. 그들에게 '수반 자극 과제'라는 실험을 요청했다.

실험은 아주 간단하다. 참여자에게 →→→→→ 형태의 자극을 보여주고 가장 중앙에 있는 화살표가 가리키는 방향(표적 자극)을 말해달라고 요청했다. 여기서 양쪽에 있는 화살표의 방향(수반 자극)은 무시하면 된다. 여기서 함정은 앞에서 본 것처럼 수반 자극의 방향의 차이이다. 즉, 어떤 화살표는 표적 자극과 방향이 같고, 어떤 화살표는 방향이 다르다(←←→←←). 그 결과 위에서 말한 시몬 효과처럼 다른 자극보

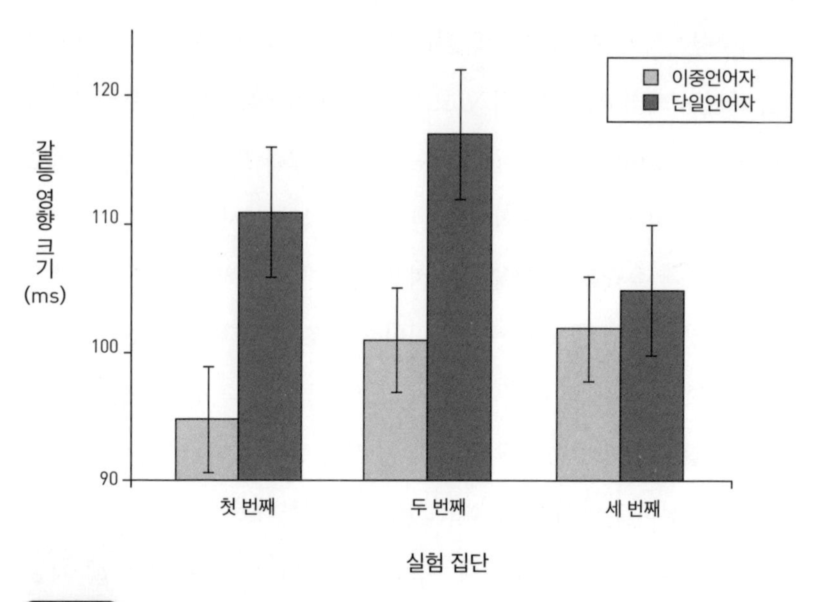

그래프 5

이 그래프는 수반 자극 과제에서 이중언어자와 단일언어자가 보여주는 간섭 정도를 나타낸다. 막대가 클수록, 실험 갈등 크기도 크다.

다는 같은 자극일 때 더 빠르고 정확한 대답이 나왔다.● [그래프 5]에서 볼 수 있듯이, 실험 집단들에서 이중언어자가 단일언어자보다 간섭을 덜 받는다는 결과가 나왔다. 효과는 처음 두 집단에서 차이가 크게 나타났다. 이것은 젊은 성인의 이중언어 사용이 갈등 해결에 끼치는 긍정적 효과를 보여준 최초의 출판 결과물이다.

또한, 주의 통제에서 제2언어 습득 연령과 사용 능력, 두 언어의 실생활 사용, 2개 국어 대화 빈도수 같은 요인이 이중언어 사용에 어느 정도 긍정적인 영향을 끼치는지를 연구했다. 현재까지 알려진 정보에 따르

● http://cognitivefun.net/test/6 에 들어가면 직접 실험에 참여할 수 있다.

면, 가장 중요한 요소는 두 언어의 규칙적인 사용이다. 즉, 이중언어 사용이 갈등 해결 능력에 끼치는 긍정적 효과는 제2언어의 사용 능력이 아니라 빈도수와 관련 있다. 두 언어를 규칙적으로 사용하면 언어 통제 과정이 활성화되고, 동시에 실행 통제 체계 과정도 활성화된다. 그러므로 이 효과를 즐기고 싶다면, 제2언어 사용이 얼마나 효과 있는지 걱정하지 말고 우선 자주 연습해보길 바란다.

이 결과는 언어와 관련이 적거나 전혀 없는 과제에서 간섭이나 갈등을 해결할 때 이중언어자와 단일언어자의 능력을 비교한 수많은 연구 중 두 개에 불과하다. 모든 것이 그렇게 단순하지는 않다. 최근 몇 년 동안 많은 연구진은 이중언어 사용의 장점을 파악하는 여러 실험을 통해 같은 결과를 도출해낼 수 있을지를 놓고 많은 의문을 품었다.

다중작업 시의 작업 전환 비용

우리는 멀티태스킹, 즉 다중작업 시대에 산다. 친구와 전화 통화하면서 이메일을 보내고, 커피 내리는 동안 청구서를 살펴보고 저녁을 먹으면서 채팅도 한다. 이렇게 동시에 하는 활동이 꽤 많다. 이러려면 주의 집중하는 대상을 계속 바꾸어야 한다. 우리는 이것을 '작업 전환'(task-switching) 또는 작업 변경이라고 부르는데, 이 과정은 쉽지 않고 비용이 들며 때로는 실수도 한다. 어쨌든 이 능력은 말한 것처럼 이십 대에 절정에 달하지만, 얼마든지 훈련이 가능하다. 내가 아들과 게임할 때 계속 이기는 이유도 훈련 덕분인 것 같다(지금 아들이 열여섯 살이기 때문에 나는 연습을 더 많이 해야 한다).

이런 주의력은 이중언어자가 언어를 바꿀 때 사용하는 빈도와 관련 있다. 이중언어자는 일반적인 작업 변경 시와 비슷한 뇌 회로 활성화를 통해 대화 상대에 따라 언어를 바꾸거나 통제해야 한다. 따라서 일반적인 작업 변경 과제를 할 때는 이중언어자가 유리하다. 예를 들어, 제2장에서 말한 가족이 언어를 계속 바꾸는 장면을 생각해보자. 따라서 멀티태스킹은 이중언어자가 더 잘한다고 결론 내릴 수 있을 것이다.

이 가설은 제2장의 설명과 유사한 실험을 했던 여러 연구에서 검증되었다. 앞에서 말한 액자 실험을 떠올려보자. 참가자들이 그림을 말할 때 액자 색상에 따라 두 언어 중 하나를 선택한다. 빨간색이면 A 언어로 말하고, 파란색이라면 B 언어로 말한다. 물론 똑같은 색을 연속적으로 시험(반복 시험)하거나 색상 순서를 바꾸어 시험(변경 시험)할 수도 있다. 변경 시험과 반복 시험 간의 응답 속도와 정확성 차이를 '언어 변경 비용'이라고 부른다. 언어와 상관없는 상황에서 작업 변경 능력을 측정하는 데 유사한 실험 방법을 사용할 수도 있다.

이 주제를 다룬 초기 연구에서는 아동에 맞게 이 실험을 수정했다. 참가자에게 파란색과 빨간색인 원형과 정사각형 카드를 보여주고, 색깔에 따라 분류하게 했다(오른쪽에 파란색 카드, 왼쪽에 빨간색 카드). 일단 그 일이 끝나면 카드를 다시 섞고, 이번에는 색깔과 관계없이 모양에 따라 카드를 분류하게 했다(오른쪽에 원, 왼쪽에 사각형). 즉, 활동이나 분류 기준을 중간에 바꾸라고 요청한다(첫 번째는 색상, 그다음은 모양).

아주 간단한 실험처럼 보인다. 하지만 참가자는 대여섯 살가량의 아이들이었다. 광둥어와 영어를 둘 다 쓰는 아이들은 영어만 쓰는 아이들보다 더 좋은 결과를 얻었다. 여기서 말하는 좋은 결과란, 첫 번째 과제를 하는 동안에는 둘 사이에 차이가 생기지 않았지만(둘 다 이 실험을 완벽하게 이해했다), 두 번째 과제에서 결과가 달라졌다는 의미다. 즉, 분류 기준을 변경하면 단일언어자가 이중언어자보다 실수를 훨씬 더 많이 했다.

아나트 프라이어와 타마르 골란의 후속 연구에 따르면, 이중언어를 사용하는 아이들의 이런 특징은 성인들에게도 나타났고, 이것은 인지 영역에서 이중언어 사용 효과가 다양한 발달 단계에서 나타남을 시사한다. 또한, 이 연구에서 이중언어자의 이런 장점은 언어를 바꾸는 빈도수와 관련 있다.

이 연구에서 가장 놀라운 결과는 아그네스 코바치와 자크 멜러가 단일언어 및 이중언어를 사용하는 7개월 된 아기의 과제 변경 능력 시험을 관찰한 내용에 있다. 의심스러울 수 있겠지만, 실제로 7개월 된 아기를 대상으로 작업 변경 방법을 연구할 수도 있다! 이를 위해 연구진은 아기들에게 컴퓨터 화면으로 흰색 사각형 두 개를 보여주었다. 사각형 안에 멋진 그림 하나가 보였다가 금방 삼각형으로 바뀌었다. 바뀌고 1초간 아무 일도 일어나지 않았다. 이렇게 아기의 관심을 끄는 멋진 그림이 나타나는 곳은 늘 화면 왼쪽에 있는 사각형이었다. 이것을 아홉 번 반복했다(멋진 그림-삼각형-1초간 변화 없음-다시 똑같은 사각형에서 나타나는 멋진 그림).

여기서 흥미로운 점은 삼각형으로 변한 후 1초 동안 아기 눈동자의 위치였다. 삼각형이 나타날 때는 곧 이어 멋진 그림이 나타난다는 걸 아기가 알아챘다면, 그림의 위치를 예상하는 모습을 보일 것이다. 여러

번 연습한 후에 아기들은 자극이 오는 위치를 예측했다. 아기들이 그림이 나타날 곳을 쳐다보는 모습을 보면 이 사실을 알 수 있다. 즉, 아기들은 그림이 나타나기 전부터 마치 '내가 좋아하는 그림이 거기에서 나오기 때문에 그곳을 보고 있어요'라고 하듯 그곳을 바라봤다.

이제 함정을 놓을 차례다. 아홉 번을 반복한 후에는 삼각형 대신 원을 보여줬다. 물론 그 후에 멋진 그림이 나타났지만, 이번에는 반대쪽 즉 오른쪽에 있는 사각형에서 나타났다. 이것도 아홉 번 반복했다. 이것을 변경 시험이라고 한다. 자극의 위치가 반대쪽으로 바뀐 것이다. 결과는 전과 같았다. 즉, 단서(여기서는 원)가 사라지는 시점과 매력적인 그림이 나타나는 사이에 아기들이 바라본 곳은 같았다. 과연 아기들은 집중하는 방향을 다시 정하고 멋진 그림의 위치를 예상할 수 있을까?

처음 실험에서 아기들은 대부분 그러지 못했다. 좀 더 엄격하게 말하자면, 첫 번째 실험에서는 어떤 변화가 일어날지 전혀 예상하지 못했다. 그러나 아기들은 집중 방향을 조금씩 다시 바꾸고 자극이 나타날 곳을 예상했다. 마치 '좋아, 알았어. 이제 멋진 그림이 오른쪽에 나타날 거야'라고 생각하는 것 같았다. 이처럼 아기들은 작업이나 적어도 기준은 바꿀 수 있었다! 이중언어 환경에서 자란 아기들은 비록 7개월밖에 안 되었지만 그렇게 작업을 바꿀 수 있었다(이 실험에서는 대부분 슬로베니아어와 이탈리아어를 사용하는 아기들이었다).

그러나 이탈리아어만 사용하는 환경에서 자란 아기들은 같은 결과를 보여주지 못했다. 첫 번째 기준에 갇혀 계속 왼쪽 사각형만 쳐다본 것이다. 이 연구는 아주 어린 유아의 인지 유연성에 이중언어가 미치는 영향을 보여주기 때문에 중요하다. 이처럼 이중언어 사용은 유연한 주의 체계를 발전시키는 데 큰 도움이 된다. 이 아기들은 아직 말을 못하기 때문에 이런 결과는 매우 중요하다.

이중언어 사용이 주의 체계에 끼치는 긍정적 효과가 있다면 말할 때 실행되는 언어 통제 때문만은 아니다. 뭔가가 더 있다. 아마도 아기가 엄마와 아빠의 입에서 나오는 소리를 구분하면서 하는 정신 운동이 생각을 더 유연하게 만드는 것 같다.

간단한 게 하나도 없다!

이전 장에서 뉴욕시립대학교에서 며칠간 강연을 하느라 뉴욕에서 글을 쓰고 있다는 이야기를 했다. 당시의 강연 제목은 "이중언어 사용과 실행 통제: 학제적 접근"이었다. 강연에서는 지능에 대한 여러 견해를 나누면서 긴장감이 돌았고, 내 개인적인 견해도 나누었다. 문제의 핵심은 이중언어 사용이 실행 통제 체계에 끼치는 긍정적 효과를 다룬 연구에 대한 신뢰성에 의문을 제기한 연구자들이 최근에 많이 나타났다는 데 있었다. 이런 의심은 다양하고 그 깊이도 각기 다르다. 그중 몇 개를 함께 살펴보자. 관련 주제뿐 아니라, 일반 과학 및 사회 과학에 적용할 수 있는 좋은 관점을 제공한다고 생각하기 때문이다. 이 부분은 과학계의 비즈니스에 대한 내용이기 때문에, 만약 이 부분에 관심이 없다면 다음 여섯 단락은 건너뛰어도 된다.

이중언어자와 단일언어자의 차이에 관한 연구 결과를 과학 저널에 게재할 때 여론을 조장하거나 거기에 따르려는 경향이 있다는 부분이 그런 의심을 불러일으킨다. 출판계와 독자들의 선호 및 편향 때문에 모든 연구가 과학 저널에 실릴 수는 없고, 따라서 출판되지 못한 내용은 다른 연구자와 일반인에게는 잘 알려지지 않는다는 뜻이다. 그런 연구는 학자들의 서랍 속에 있거나 기껏해야 회의나 의회에서 회자된다. 물론 방법론적인 면에서 모든 연구가 다 정확하고 정밀한 건 아니기 때문에 이렇게 차별을 두는 것이 꼭 나쁜 것만은 아니다. 예를 들어, 이중언어자와 단일언어자의 주의력 과제에 관한 성과를 비교하는 연구에서 표본(참가자)의 나이가 고르지 못하면 합리성이 떨어지므로 출판 가능성이 없다. 따라서 과학 저널 및 기사 편집자들은 보증된 연구를 그렇지 않은 연구보다 더 긍정적으로 평가하는 경향이 있고, 전자가 후자보다 더 자주 세상에 소개되는 것은 당연하다. 편집자에게도 이런 일은 꽤 성가신 작업이다. 새로운 연구를 분석하는 데는 많은 시간이 필요한데, 보상은 크지 않고 반감을 살 때도 많기 때문이다. 이 모든 일은 저자이자 편집자인 나의 경험이기도 하다.

그러나 이 방법의 문제 중 하나는 실험 수준과는 상관없이, 얻은 결과를 중심으로 보고 평가해서 출간을 결정한다는 것이다. 실험 과정에서 보여준 수준이 어떻든 연구 결과가 좋으면 긍정적으로 평가하고, 실험 조건 사이의 차이점은 무시된다. 즉, 연구물이 과학적 엄격함이 아니라, 관찰 결과를 기준으로 판단되는 것이다. 예를 들어, 실험실에서 신약 개발 효과를 검증하는 데 심혈을 기울인다고 해보자. 물론 결과는 긍정적일 수도 있고 부정적일 수도 있다. 즉, 신약은 효과가 있을 수도 없을 수도 있다. 그러나 유명한 저널에 실릴 확률은 그 결과에 따라 달라진다. 효과가 있으면 출간 확률도 높다. 하지만 실험에서 약물 투여군과 대조군 간에 차이가 없다면 "이 연구는 별로네요. 안타깝게도 뭔가를 통제하지 않았거나 방법이 잘못되었거나, 아니면 잘 모르겠네요…"라는 반응이 나올 것이다. 이것은 마치 실험 결과가 부정적이면 실험에서 얻은 게 하나도 없다고 생각하는 것과 같다. 반대로 결과가 긍정적이면 실험이 제대로 된 거고, 출간과 함께 신문에 나올 수도 있다.

그런데 부정적인 결과에서는 정말 배울 게 아무것도 없는 걸까? 함부로 판단해서는 안 된다. 나는 부정적인 결과가 나온 연구의 출판 확률이 왜 그렇게 낮은지 이해하지 못하겠다. 실험에서 나온 부정적인 결과를 참고한다면 앞으로 동일한 가설을 세울 다른 연구자들이 시간과 비용을 절약할 수 있다. 이런 방식의 연구와 가설로는 효과를 낼 수 없음을 안다면, 다른 연구에 자원과 노력을 쏟을 것이다. 물론 그런 일은 이상 세계에서나 가능하다는 것을 안다. 현실 세계에서는 부정적 증거가 사람들에게 별 영향을 끼치지 않는다. 그래서 여전히 동종 요법이나 이와 유사한 방법에 대한 연구가 계속되는 것이다.

우리는 연구와 관련된 출판 경향을 직접 알 수 있는 길이 없지만, 이를 감지할 만한 간접적인 방식이 있다. 여기서 그 방법론을 자세히 설명하지 않겠지만, 일반적으로 과학 출간물이 어떻게 움직이는지 알고 싶다면, 의사이자 언론인인 벤 골드에이커가 쓴 재미있고 유익한 베스트셀러 『배드 사이언스』(공존, 2011)를 추천한다. 종종 편집자나 교열자의 취향 때문이 아니라, 연구자 스스로 실패한 결과물을 휴지통에 넣어 버리는 것도 문제다.

물론 이중언어 사용이 주의력에 끼치는 효과를 다루는 주제에도 이런 경향이 있다. 다른 분야에서 같은 일이 벌어진다고 해서 위로가 되는 건 아니다. 그러나 희망은 있다. 연구 등록 방법으로 이런 경향을 줄일 수 있다. 즉, 연구를 마치기 전에 등록부터 하면 된다. 실험 설계 및 연구 대상 집단을 포함해 실험의 방법론적 특성을 데이터베이스에 입력하는 것이다. 후속 조건은 실험 전에 등록된 것이므로 연구원은 등록 규칙을 제대로 따르는지 아닌지 스스로 조심해야 한다.

이런 정책은 이미 많은 임상 연구에서 시행되고 있지만, 불행히도 모든 연구에 적용되고 있진 않다(벤 골드에이커의 책을 읽다 보면, 제약 회사들의 기묘한 행동에 놀라게 될 것이다). 연구를 등록한다면, 최종적으로 얼마나 많은 논문이 출판되었는지(혹은 출판되지 않았는지) 알 수 있을 것이다. 이렇게 하면 결국 출판되지 못한 논문이나 실패 후 서류철에 잠들어 있는 논문은 얼마나 되는지도 추정할 수 있다. 또한, 관심 분야의 연구라면 언제든지 연구원에게 연락해 내용을 공유해달라고 요청할 수도 있다. 이런 상황을 너무 무겁게 받아들이지는 말자. 일반적으로 과학이 어떻게 움직이는지 이해하는 데 중요한 부분이라서 이 이야기를 꺼낸 것뿐이다.

다시 이중언어 사용으로 돌아가보자. 일부 연구자들은 이중언어 사용이 주의 체계에 끼치는 긍정적 효과를 나타내는 결과를 놓고 그 신뢰성에 강한 의문을 제기했다. 그들은 이미 출판된 연구 결과들을 반박하는 전략을 세웠다. 두 가지 예를 들면 다음과 같다.

첫 번째는 도노스티아라는 도시의 인지와 뇌 및 언어센터(BCBl)에 있는 나의 동료들이 주도한 실험이다. 여기서는 8세부터 11세까지의 아동 중에 바스크어와 스페인어를 사용하는 이중언어자나 스페인어만 사용하는 아동 단일언어자를 평가했다. 연구진은 두 그룹을 수행 결과에 영향을 미치는 몇 가지 변수로 나누었다. 이것은 두 가지 스트룹 효과(Stroop effect: 단어의 의미와 조건이 다를 때 반응속도가 느려지는 현상-옮긴이)였는데, 중요하지 않은 정보 때문에 생긴 문제를 해결하는 것으로 시몬 효과와 비슷하다. 시몬 효과와 관련된 수반 자극 과제는 이미 앞에서 설명했다. 이 모든 활동에서 이중언어자와 단일언어자 사이에는 아무 차이가 나지 않았다. 이러한 결과를 바탕으로 연구진은 "아동 이중언어자들의 유리함: 사실 또는 거짓?"이라는 제목으로 논문을 썼다.

두 번째는 스페인 폼페우 파브라대학교에 있는 내 연구실에서 미레이아 에르난데스가 시행한 연구다. 우리는 아동 이중언어자가 작업 변경 환경에서 유리한 이유에 관하여 그 메커니즘을 이해하고자 했다. 이를 위해 몇 가지 실험을 진행했는데, 모두 작업 변경과 관련이 있다. 또한, 다른 연구진은 단일언어자가 작업 변경을 할 때 드는 최대 비용을 측정했던 때와 동일한 설계로 실험을 반복했다. 여기서 이중언어자의 특정 효과는 감지할 수 있었지만, 이중언어 사용과 관련된 비용이 감소한다는 부분을 반박하지는 못했다. 우리 노력이 부족해서가 아니었다. 이를 위해 스페인어와 카탈루냐어를 사용하는 아동과 스페인어만 사용하는 아동을 각각 145명 동원해 그 성과를 평가했는데 두 그룹의 변화 비용의 크기가 거의 동일하게 나온 것이다.

좀 더 이론적인 의문도 제기되었다. 이것은 우리가 이중언어자이든 아니든 상관없이 계속 사용하는 '주의 체계'와 관련된 주장인데, 우리가 두 언어 사용 여부에 상관없이 계속 실행 통제 체계를 사용하기 때문에 이중언어 사용이 그 기능과 발전에 줄 수 있는 도움은 아주 적다는 것이다. 평소에 주의 체계를 최대한 사용하기 때문에 더 많이 쓴다고 해서 결과는 크게 나아지지 않기 때문이다. 간단히 말하자면, 나는 감자 오믈렛을 지금보다 더 잘 만들 수는 없다. 아무리 노력해도 지금보다 더 맛있게 만들기는 어렵다. 이 연구진에 따르면, 이중언어 사용이 주의 체계에 주는 영향을 확인하는 것이 어려운 이유는 이런 천장 효과(Ceiling effect: 실험 처치가 매우 효과적이거나 검사의 난이도가 너무 낮아서 모든 피검사자의 점수가 매우 높은 상황-옮긴이) 때문이다.

내가 볼 때 이런 비판은 대부분 타당하다. 같은 실험을 해도 어떨 때는 긍정적 효과가 나오고 또 어떨 때는 부정적 효과가 나온다. 따라서 진짜 던져야 할 질문은 이중언어 사용이 실행 통제 체계에 주는 효과를 파악하는 데 신뢰도를 높일 수 있는 방법 개발에 있지 않을까 싶다. 실제로 매번 그 방법을 찾는 데 도움이 되는 실험 환경과 변수들을 찾고 이해하려고 노력한다. 분명 이 주제에 대한 연구는 앞으로도 계속 발전하겠지만, 독자들은 실망할지도 모르겠다. 그 진행 방법에 대해서는 별다른 조언을 하지 않을 것이기 때문이다. 단, 이 문제를 명확히 하려면 이중언어 사용 이점에 관한 이야기는 멈추고, 이중언어 사용이 특정 인지 과정과 해당 뇌 회로를 어떻게 바꾸는지 자세히 설명하는 것이 더 도움이 된다.

뇌의 모양을 바꾸다

앞부분에서는 이중언어 사용이 행동 측면에서 주의력 발달에 긍정적인 영향을 미치는지를 검토했다. 그리고 두 언어를 사용할 때 분명한 장점이 있음을 확인하려면 여전히 많은 실험이 필요하다는 사실을 알았다. 그렇다고 이중언어 사용 경험이 뇌 구조에 전혀 영향을 주지 않는다는 의미는 아니다. 문제는 이중언어 사용이 어느 정도 뇌의 모양을 바꾸는지, 보다 구체적으로 말하면 주의 통제와 관련된 뇌 영역에 어느 정도로 영향을 미치는지에 있다. 즉, 두 언어를 사용하는 일상 활동이 뇌 회로의 구조와 기능에 어떻게 그리고 어느 정도 영향을 미치는가를 보아야 한다. 런던 택시 운전사들의 두뇌 속 해마의 특정 부분이 발달했다는 결과를 기억하는가? 여기에 깔린 주장도 동일하다.

우리 팀은 이 목표를 염두에 두고 밀라노 산 라파엘 병원의 주빈 아부탈레비가 이끄는 조사에 참여했다. 거의 20년 전에 언어 습득 연령이 이중언어자가 사용하는 두 언어의 뇌 표상에 어떤 영향을 주는지에 관한 연구가 진행되었다. 보통 성공적으로 협력하여 좋은 결과를 얻은 연구는 시간이 지날수록 더 확장된다. 이 연구에서는 언어 통제 작업 수행과 언어를 포함하지 않는 주의 통제 과제에서 나타나는 뇌의 중첩 부분을 평가하기로 했다. 이 중첩 부분을 통해 어떤 뇌 영역이 두 작업에 관여했는지에 대한 정보를 얻을 수 있다. 이것을 위해서 우선 독일어와 이탈리아어를 사용하는 사람들과 이탈리아어만 사용하는 사람들에게 서로 다른 활동을 요청했다. 이 이중언어자들은 남티롤(South Tyrol: 오스트리아 서부에 있는 지역으로 현재 이탈리아 영토-옮긴이) 출신이었다. 이곳에서는 역사적인 이유로 독일어와 이탈리아어를 함께 사용하고 공존하는 방식도 합리적이다. 매혹적인 지역으로, 특히 이곳의 언어 역사는 정치적인 관점에서 무척 흥미롭다.

다음 활동 중 하나를 통해 언어 통제와 관련된 정보를 얻을 수 있다.

첫 번째로, 빨간 액자 속에 그림이 나타나면 A 언어로 말하고, 파란 액자 속에서 그림이 나타나면 B 언어로 말한다. 그렇다면 단일언어자의 언어 통제는 어떻게 측정할 수 있을까? 그들은 언어 변경을 할 수 없기 때문에 문법 범주 변경을 요청했다. 예를 들어, 빨간 액자 속에 그림이 나타나면 대상('빗자루')을 말하고, 파란 액자 속에 그림이 나타나면 그 대상이 나타내는 활동('쓸다')을 말해야 한다. 두 번째로, 언어와 상관없이 참가자들에게 요청한 또 다른 활동은 수반 자극 과제다(동일한 자극:→→→→→, 상이한 자극: ←←→←←).

한쪽은 언어 변화와 문법 범주의 변경 활동에서 나타나는 뇌 활동을 측정하고, 다른 한쪽은 비언어적 갈등 활동에서 일어나는 뇌 활동을 측정한다. 즉, '변경 자극과 무변경 자극' 사이의 뇌 활동과 '동일한 자극과 상이한 자극' 사이의 뇌 활동을 비교한다. 그 후에 상반된 양쪽 자극에 공통으로 겹치는 뇌 영역을 분석한다. 즉, 언어 변경과 적절한 효과에 관여하는 뇌 영역을 분석한다.

이 실험을 통해 발견한 뇌 영역 중 하나는 예상했던 대로 전방 대상피질이었다. 이전 연구 결과에서 이 영역은 인지 조절 및 갈등 해결과 관련 있는 것으로 나타났다. 이 뇌 영역은 두 활동에서 인지적 통제가 증가했을 때 더 크게 반응했다. 그러나 비언어적 갈등이 생길 때는 이중언어자가 단일언어자보다 뇌 활성화 정도가 작았다. 행동할 때 겪는 갈등은 이중언어자가 단일언어자보다 조금 적었고, 과제를 해결하는 데 필요한 뇌 에너지도 적은 편이었다([이미지 3] 참조).

그러나 나와 동료들의 연구는 기능적 구조에 대한 정보 확인으로 끝나지 않았다. 전방 대상피질의 배열과 모양을 분석함으로써 한 발짝 더 나아갔다. 그 관찰 결과 이중언어자가 단일언어자보다 뇌의 회색질 밀도가 더 높다는 점이 밝혀졌다. 이런 결과는 두 언어를 지속적으로 사용하면 일반 실행 통제, 즉 언어 영역이든 비언어 영역이든 주의 체계와 연관된 뇌 구조에 영향을 미친다는 사실을 보여준다.

다른 연구에서는 언어와 관련 없는(또는 아주 적은) 작업 변경 패러다임에서 이중언어자는 단일언어자보다 좌뇌의 하전두회(inferior frontal gyrus)처럼 언어 조절과 관련된 영역을 포함해서 더 넓은 영역에서 뇌 신경망이 활성화되는 것으로 나타났다.

또한, 주의 신경망(attentional network: 주의와 관련된 두뇌의 여러 신경 처리 장치들 간의 상호 연결 관계-옮긴이)에서 이중언어 사용은 회색질 기능과 구조뿐만 아니라 백색질 보전 또는 활기에도 영향을 준다([이미지 4] 참조). 이전 장에서 보았듯이, 백색질은 서로 다른 뇌 영역뿐만 아니라 그 사이의 뉴런을 연결하는 물질이다. 즉, 정보를 전송하는 케이블 역할을 한다. 나이가 들면 이런 케이블이 손상되고 백색질(특히 미엘린)의 본래 모습이 사라진다. 이는 라디오를 스피커에 연결하는 케이블이 벗겨지고 찌지직거리는 소리가 나는 것과 같다. 결과적으로 서로 다른 뇌 영역 간 정보가 순환하는 효율이 떨어지며, 이는 개인의 인지 수행, 즉 스피커의 소리 품질에 영향을 미친다. 실제로, 주의 체계 기능은 줄어드는 백색질에 가장 영향을 받는 기능 중 하나다.

이 주제에 관한 가장 흥미로운 연구 중 하나는 기기 룩(Gigi Luk)과 연구진이 평균 70세의 이중언어자와 단일언어자의 백색질 보전을 비교한 내용이다. 이런 분석은 기능적 활성화 즉, 피실험자가 특정 작업을 수행할 때 특정 영역이 얼마나 작동하는지가 아니라, 뇌 구조 자체를 측정한다. 따라서 참여자들은 뇌를 스캔하는 동안 어떤 활동을 할 필요가 없고 '휴식'이라고 불리는 상황에서 실험에 참여한다. 그 결과는 매우 흥미롭다. 이중언어자는 좌우 대뇌 사이를 연결하는 신경 섬유 집합인 뇌량(뇌들보)에서 백색질이 본래 상태 그대로 더 많이 유지되었다. 20살 청년들의 백색질과 동일한 수준은 아니지만, 비슷한 나이의 단일언어자들보다는 더 많이 유지되었다.

또한, 연구진은 더 복잡한 다른 분석을 통해 양쪽 뇌가 기능적으로 연결된 정도를 측정했다. 말하자면 좌뇌와 우뇌가 어떻게 '대화'를 나누는지 확인했다. 결과는 단일언어자보다 이중언어자의 특정 회로가 보다 넓게 연결되어 있다는 점에서 이전 연구와 일치했다. 이것은 어떤 의미일까? 연구진은 이중언어 사용 경험이 백색질의 연결성을 높이고 이것이 주의력 과제에서 이중언어자가 높은 성과를 내는 원인이라고 주장한다. 흥미로운 가설이지만 이 연구에서는 참여자의 성과에 관한 자료를 얻지 못했기 때문에 이것만으로는 백색질이 보전될수록 꼭 성과가 높다고 말할 수는 없다.

다양한 연구를 통해 나타난 이 결과는 뇌가 얼마나 유연한지, 그리고 두 언어를 배우고 사용하는 활동이 어떻게 뇌의 조직과 발전에 실질적인 영향을 미치는지를 보여주고 있다. 이런 효과는 전통적으로 언어 처리와 관련된 뇌의 부분에만 국한되지 않고, 주의 통제와 관련 있는 다른 부분에도 영향을 미치기 때문에 흥미롭다.

이중언어 사용과 관련된 이런 변경에서 인지 수행에 대한 결과에 대해서는 아직 더 배울 부분이 있지만, 이러한 관찰이 만드는 흥미로운 가설이 있다. 이중언어 사용 경험은 노년기의 개인 인지 능력 저하에 어떤 영향을 끼칠까? 인지 능력 저하와 함께 신경퇴행성 질환이 동반된다면 어떻게 될까? 다음 단락에서는 이 두 질문을 다룰 것이다.

인지 저하와 이중언어 사용의 관계

다양한 텔레비전 프로그램이나 극장에서 페페 루비아네스(스페인의 유명 연극배우이자 희극인, 감독-옮긴이)의 연기를 보는 건 내게 정말 즐거운 일이다. 말투가 특이하긴 하지만, 뭐라 설명할 수 없을 정도로 독창적인 이야기꾼이다. 조금 과장해서 이야기하자면, 그것이 진짜인지 지어낸 건지 헷갈릴 정도다. 내가 부모님과 함께 그의 작품을 처음 보았을 때가 아직도 생생한데, 지금은 아들과 함께 보고 있다. 그렇게 오랫동안 그는 시대를 초월한 희극인의 길을 걷고 있다.

연금 계획을 세우며 평생 애쓰는 사람들을 비웃던 만담이 생각난다. 그는 평생 노력한 사람들이 여든 살이 되면, 미친 듯이 즐기고 밤에 놀러 나가며 클럽에도 가고 최고급 식당에도 가며 여행도 할 수 있을 거라며 놀려댄다. "우리는 노년을 위한 연금 계획을 갖고 있다. 즉, 계좌에 돈을 쌓는다. 그리고 여든 살이 되면, 미친 듯이 즐긴다. […] 그렇게 나이 먹고 배불러서 퍽이나 좋겠다." 그는 마음속으로 우리 모두를 비웃고 있다.

많은 사람이 그때 가서 계속 저축이란 걸 할 수 있는지는 생각하지 않고 노년을 걱정하며 나중을 위해 일부를 비축하려고 애쓴다. 여기서도 지금 우리 연구와 관련된 질문을 비슷하게 할 수 있다. 과연 우리도

노년기를 위해 인지 능력을 저축할 수 있을까? 다른 말로 하자면, 비록 나이가 들면 뇌가 퇴화하고 인지 능력도 조금씩 영향을 받겠지만, 평생 우리를 보호해줄 만한 것을 준비할 수 있을까? 어쩌면 페페는 이렇게 비웃을지 모른다. "이봐, 그게 뭐가 좋아, 지금 눈앞의 인생을 즐기라고!"

다른 장기들처럼, 뇌도 나이가 들면 늙고, 노년기가 되면 이런 변화는 우리의 능력에 점점 더 분명한 영향을 미친다. 나이가 들면 조금씩 뇌 가소성이 줄어들고 새로운 것을 배우는 데 힘이 더 들 뿐만 아니라, 일부 영역은 줄어들거나 병이 든다. 따라서 시간이 지나면 뇌 용량도 줄어든다. 그리고 이런 감소는 백색질뿐 아니라 회색질에도 많은 영향을 준다. 물론 모든 부분이 똑같은 크기로 영향을 받는 것은 아니지만, 일반적으로 나이는 모든 부분에 영향을 미친다. 노화는 주의력, 언어, 기억력 등과 같은 많은 기본 인지 과정에 부정적인 영향을 주는 인지 저하를 동반한다.

이렇게 나이가 들면 인지력 감퇴는 불가피하지만, 특정 요인에 따라 그 진행과 강도는 달라진다. 그러니까 다른 사람보다 나이가 많아도 인지력이 훨씬 높은 사람이 있다. 신체 운동과 식습관이 어느 정도 긍정적인 영향을 미치는 것 같다. 또한, 사회적 또는 인지적 요인도 인지 예비용량(Cognitive Reserve)에 영향을 주는 것으로 나타난다. 실제로 알츠하이머로 고통받는 사람의 뇌를 부검해보면, 약 30% 정도는 정신적 저하가 나타나지 않았다. 바로 이 인지 예비용량 때문이다.

생물학으로 볼 때 뇌의 퇴화 정도가 동일한 두 노인이 있다고 하자 (동일한 뇌 영역에서 백색질 및 회색질의 양 감소가 동일하다). 인지력 감퇴가

오로지 뇌의 퇴화 때문이라면 두 사람에게 똑같은 문제가 나타나야 한다. 그러나 두 사람의 결과는 달랐다. 적어도 뇌위축증(Brain Atrophy: 점차 뇌가 작아지고 굳어지는 질환-옮긴이) 정도가 같다고 똑같은 인지적 결함이 나타나는 건 아니다. 어떤 사람에게는 그 문제가 나타나지 않을 수도 있다. 이것은 후자가 전자보다 인지 예비용량이 더 크다는 뜻이다. 이런 인지 예비용량 개념은 논쟁을 불러일으켰지만, 약 10년 전부터 이루어진 역학 연구들 덕분에 어떻게 작동하는지는 몰라도 현재는 인정받고 있다. 분명하게 말할 수 있는 사실은 풍부하고 자극적인 지적 생활이 인지 예비용량 유지에 유익하다는 것이다. 물론 우리가 전혀 몰랐던 내용은 아니다.

인지 예비용량이 어느 정도 있으면 나이가 들어도 뇌가 퇴화되지 않는다는 뜻은 절대 아니다. 또한, 알츠하이머나 그 외 신경퇴행성 질병을 예방한다는 뜻도 아니다. 자연적이든 병으로든 뇌의 퇴화로 인지 기능이 악화되어 행동에 미치는 손상은 불가피하지만 이것을 어느 정도 줄여줄 수는 있다는 의미로 받아들이면 좋겠다. 물론, 그 결과는 뇌 관여 수준에 달려 있다.

[그래프 6]에서 볼 수 있듯, 인지 예비용량에도 어두운 면이 있다. 인지 예비용량이 크면 클수록 신경퇴행성 질환에 대한 증상이 늦게 나타나지만, 일단 그 증상이 나타나기 시작하면 인지 저하가 더 빠르고 뚜렷하게 진행된다. 간단하게 말하자면, 능력을 잃는다는 것을 깨닫기 시작하는 순간, 손실은 더 빠르게 일어난다. 뇌 신경병리학 증상이 비교적 경미하면 인지 예비용량은 어느 정도 도움이 되지만, 뇌위축증이 너무 심하면 더 이상 도움이 안 되는 순간이 온다.

자, 이제 이중언어 사용 문제로 다시 돌아가자. 앞에서는 이중언어 경험이 주의 체계의 기능 발달에 도움이 된다는 것을 보여주는 몇몇 연구를 보았다. 또한 70세 이상의 성인에게 이 효과가 어떻게 나타나는지도 분석했다. 실제로 그 연령대에서 이중언어 사용은 사람들의 주의력에 가장 큰 영향을 끼친다(시몬 효과를 기억하자). 또한 노인 중 이중언어자가 단일언어자보다 백색질 보전이 더 높다는 연구 결과도 있다. 이 모든 것은 이중언어 사용이 인지 예비용량에 긍정적으로 작용할 수 있음을 나타낸다. 이제 이 내용을 자세히 살펴보자.

캐나다 토론토에 있는 한 병원에서 이중언어 사용이 인지 능력에 미치는 영향을 다루는 첫 번째 연구가 있었다. 실험은 간단했다. 연구진은 184명의 환자에 대한 임상 보고서를 조사했다. 이들에게 이루어진 임상 평가를 보면, 신경퇴행성 질환(알츠하이머 또는 다른 유형의 치매) 가능성을 나타내는 기준을 충족한 상태였다. 또한 환자의 절반은 이중언어자이고 절반은 단일언어자였다. 두 집단에 수년간 이루어진 교육과 인지 수행(표준화된 신경 심리 검사를 통해 측정) 및 직업 환경은 같았다.

이들은 환자에 관한 두 가지 중요한 자료를 수집했다. 첫 번째는 그들이 신경 전문의를 처음 방문했을 당시 연령이고, 두 번째는 처음으로 인지 장애 징후가 나타났을 때의 연령이다. 이 정보는 환자가 신경 전문의를 처음 방문했을 때 환자와 가족에게 이상 징후가 언제부터 감지되었는지 물어보고 수집한 내용이다.

결과는 놀랍고 흥미로웠다. 환자들 중 이중언어자는 단일언어자보다 3년 늦게 처음으로 신경과 의사를 방문했다. 늦게 간 이유는 병원에 간다는 사실에 거부감이 있어서가 아니라, 실제로 초기 증상 발생이 단

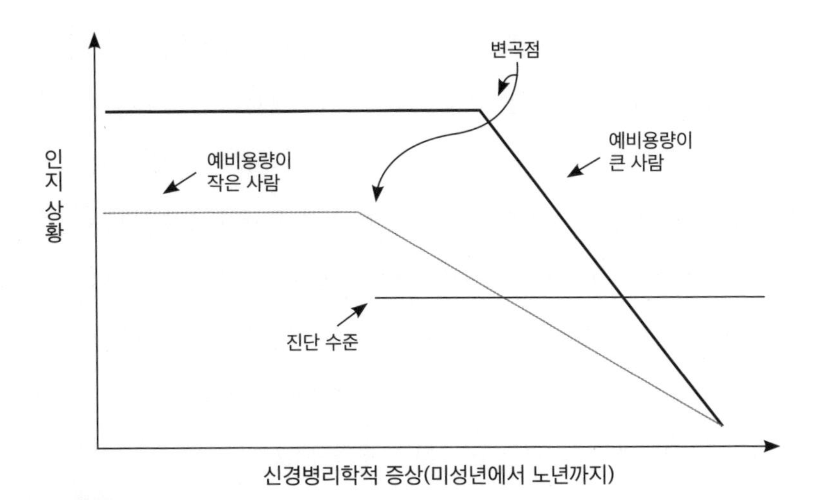

그래프 6

알츠하이머의 신경병리학적 증상과 관련된 인지력 감퇴 정도를 표시했다. 두꺼운 선은 인지 예비용량이 큰 사람을, 얇은 선은 인지 예비용량이 작은 사람을 나타낸다. 여기서 보듯 중등도 수준의 신경병리학적 증상에서는 예비용량이 부족한 사람의 인지 능력이 일찍 감소하기 때문에 먼저 치매 수준에 도달한다.

일언어자(71세)가 이중언어자(75세)보다 더 빨리 나타났기 때문이다. 이 자료는 이중언어 사용이 인지 예비용량 확장을 돕고 뇌의 퇴화로 인한 부정적 영향을 감소시킨다는 것을 암시한다. 그리고 이 결과를 보면 그 효과가 작지 않다. 무려 4년이나 차이가 난다. 당연히 이 결과는 언론에 신속하게 포착되었고 큰 찬사를 받았다. 한 마디로 핵폭탄급 정보였다. 관련 연구를 더 살펴보자.

인지 예비용량 현상은 다른 방법으로도 평가될 수 있다. 그중 하나가 인지력 감퇴와 동일한 신경계 질병 정도를 분석하는 것이다. 만일 두 환자의 인지 수행 능력이 같은데, A가 B보다 인지 예비용량이 더 크다면, A가 B보다 신경병리학 증상 정도가 더 심하다고 할 수 있다. 다만

A의 뇌 손상이 크다고 해도, 인지 예비용량이 더 크기 때문에 수행 능력은 급격히 나빠지지는 않을 것이다. 이것은 세계적인 축구선수 메시가 나이가 들어 예전처럼 공을 다루지는 못하더라도 축구를 어느 정도 잘할 거라고 예상하는 것과 같다. 그는 많은 축구 예비용량을 보유했기 때문에 오랫동안 그 실력이 유지될 것이고, 나 또한 그러길 바란다.

이것은 알츠하이머병으로 진단받은 환자 40명의 뇌위축증을 평가한 연구에 따른 전략이었다. 이 중 절반은 이중언어자이고, 절반은 단일언어자이다. 나이와 교육 수준 등 다른 변수가 같고, 신경 및 신경 심리 상담에서 자주 사용되는 표준검사를 통해 측정한 인지 수행이 두 그룹 모두 동일했다. 이 두 그룹에서 뇌위축증을 측정하자 어떤 결과가 나왔을까? 이중언어자가 단일언어자보다 큰 위축을 보였다. 이 위축은 모든 뇌 영역에서 나타나지는 않지만, 일반적으로는 알츠하이머 환자와 그렇지 않은 환자를 구별하는 데 사용된다. 따라서 이중언어자는 단일언어자보다 신경병리적 증상은 더 크게 나타났지만, 두 집단의 인지 기능 저하는 비슷했다.

그러나 이중언어 사용이 정말로 두 집단 간에 이런 차이를 만든 원인일까? 이중언어자가 되는 것과 관련된 다른 변수 때문은 아닐까? 방금 분석한 연구는 세계에서 다국어를 활발하게 사용하는 도시 중 하나인 캐나다 토론토에서 이루어졌다. 기본적으로 이곳은 이런 연구를 하기에 매우 좋은 장소다. 이 지역에 이중언어자가 많은 것은 이민 역사 때문이다. 실제로 유엔(UN) 자료에 따르면, 토론토는 세계에서 두 번째로 외국인 인구 비율이 높은 곳이다. 따라서 이곳의 많은 사람은 이민자이거나 이민자가 될 가능성이 높다. 이중언어자와 단일언어자 사이의 차이가 꼭 언어 때문이 아니라 양 집단 간의 인종 및 생활양식의 차이(가령, 음식) 때문이라고 생각할 수도 있다. 또한 좀 더 복잡한 조건에서 한 연구를 보면 이민자 자녀의 인지 수행 능력이 비이민자 자녀보다 높았다. 그렇다면 우리는 무엇을 해야 할까? 인지 예비용량을 향상시키는 요인을 어떻게 알 수 있을까?

이와 비슷한 연구를 해볼 수 있다. 단, 두 집단의 참가자들은 모두 이민 배경이 없어야 한다. 이런 조건에 맞는 곳 중에 수세기 전부터 여러 언어가 공존하는 인도 남부 도시 하이데라바드가 있다. 이곳 인구의 약 60%가 적어도 두 언어를 구사한다. 2013년 하이데라바드 의학 연구소 연구진이 치매 환자 648명의 임상 기록을 조사한 결과 이 중 391명이 이중언어자였다. 놀랍게도 그 결과는 토론토 연구 결과와 비슷했다. 즉, 이중언어 사용은 치매 증상을 4년이나 지연시켰다. 또한 이 연구에서는 교육 수준의 잠재적 영향을 통제할 수 있었다. 이 지역에는 학교 문 앞에도 가본 적이 없는 사람들이 많았기 때문이다. 실제로 문맹자 하위 표본에서는 이중언어 사용 효과가 여전히 컸고, 치매 증상을 6년 지연시켰다.

이 모든 내용이 놀랍고 앞으로도 기대가 되겠지만, 이 연구들 또한 특정 뇌 구조에서 이중언어 사용에 따른 영향을 비교했을 때, 앞에서와 같은 문제가 생길 수 있다. 즉, 알이 먼저냐, 닭이 먼저냐 하는 문제와 유사한 것이다. 혹시 이중언어 사용이 인지 예비용량을 높이는 게 아니라면? 오히려 반대라면? 즉, 원래부터 인지 능력이 뛰어난 사람들이 두 가지(또는 그 이상) 언어를 배우려고 더 많이 준비할 뿐만 아니라, 나이가 들면서 더 큰 인지 예비용량을 보이는 것이라면? 만일 그렇다면, 이야기가 아주 달라진다. 로드 스튜어트의 〈어떤 사람들은 복도 많아〉(Some guys have all the luck)라는 노래처럼, 어떤 사람은 행운을 타고났다.

그렇다면 이 변수를 어떻게 제거할 수 있을까? 제2언어를 배우기 전의 인지 능력을 파악할 수 있다면 그보다 더 좋을 수는 없을 것이다. 그렇게 한다면 단일언어자와 이중언어자의 인지 능력에 대한 기준선을 갖게 될 것이다. 그 사실을 안다면, 뇌의 퇴화 상태를 비교할 수 있고 집단 간 기존 차이점이 아니라 해당 언어 학습에 그 변수들을 반영할 수 있을 것이다. 그러나 아무것도 없는 상태에서 연구를 시작했다면, 분석 대상자들이 치매 증상을 보일 때까지 기다려야 하기 때문에 질문에 대답하는 데 70년이 넘게 걸릴 수도 있다. 따라서 이런 연구를 기꺼이 나서서 할 만한 과학자는 그리 많지 않다.

하지만 가끔, 정말 어쩌다가 행운의 여신이 우리를 향해 미소 지을 때도 있다. 스코틀랜드에서 신기한 연구가 진행되었다. 1947년 6월, 1936년에 태어난 스코틀랜드의 모든 아동이 11세가 되던 바로 그해 아이들의 지적 능력 평가가 이루어졌다. 정말 그랬다. 이곳에서 (거의) 모든 11세 아동의 지능 평가가 진행된 것이다(약 7만 명). 이 참가자들에게 로디언 출생 코호트(Lothian Birth Cohort, LBC)라는 이름이 붙었고, 현재도 팔순 노인이 된 그들의 인지 능력 평가가 진행되고 있다. 또한 스코틀랜드의 사회적 특성에 따라 예상되는 것처럼 아동 대부분은 단일언어를 사용했다. 또한 이들이 73세가 되었을 때 인지 능력을 다시 평가했기 때문에 다시 그 기준선과 자유롭게 비교할 수 있다. 따라서 11세와 73세라는 서로 다른 두 가지 기준점을 얻었다. 이제 문제는 이 두 결과의 연관성과 함께, 살면서 했던 행동들이 그런 관계에 어떤 영향을 미쳤는가를 들여다보는 것이다.

여기서 관찰된 첫 번째 사실은 예상했던 내용이었다. 참가자들이 11세에 얻은 점수는 73세의 인지 수행을 제대로 예측했다. 이것은 지능이 상당히 안정적인 특성임을 보여준다. 예를 들어, 11세에 평균 이상의 지능을 보인 아동은 73세가 되어서도 지능이 높았다.

그러나 여기서 더 흥미로운 사실이 나타났다. 어떤 사람은 어린 시절의 지능 검사를 바탕으로 예상보다 73세에 더 나은 성과를 보였다. 즉, 73세의 인지력 감퇴가 11세에 실시한 검사를 통해 예상했던 것보다 적었다. 이 사람들은 살면서 '뭔가를 했기 때문에' 인지력 감퇴에 영향을 적게 받았다고 짐작된다. 즉, 11세 이후에 다른 언어를 배운 사람들(853명 중 262명, 이전에 이미 두 개의 언어를 알던 사람은 표본에서 제외함)이 예상보다 나은 인지 능력을 보인다는 사실이 밝혀졌다. 내 관점에서 볼 때, 이중언어 사용이 인지 예비용량을 확장할 수도 있다고 생각하는 가장 확실한 증거는 이것이다.

이중언어 사용은 '적어도 몇 년간'은 인지 예비용량의 발전과 뇌 손상 결과를 완화하는 데 도움이 된다고 결론을 내리며 이 부분을 마무리하려고 한다. 나는 단일언어자들을 얕보려는 게 아니다. 다만, 내가 아는 대부분의 사람이 이중언어를 사용하기 때문에, 그들의 인지 예비용량이 크다는 게 사실이길 바랄 뿐이다.

다른 연구와 마찬가지로 이 내용도 아주 명확한 결론에 도달하기는 어렵다. 그러나 이 결과는 많은 연구실과 병원의 주목을 끌면서 사용되기 시작했다. 인지 예비용량에서 이중언어 사용 효과가 탐지될 수 있는지 알아보기 위해 각기 다른 그룹의 환자 병력에 주목했다. 어떤 결과는 조금 엇갈렸고, 어떤 결과는 앞의 내용과 같았다. 즉, 어떤 연구에서는 이중언어 사용 효과가 발견되었고, 어떤 연구에서는 나타나지 않았다. 가장 좋지 않은 소식은 어떤 변수가 그 발견에 영향을 주는지 모른다는 사실이다. 몇 가지 예를 들어보자.

현재까지 이루어진 가장 큰 연구 중 하나는 맨해튼 북부에 사는 히스패닉계 주민 1,067명의 인지력 감퇴 평가다. 참가자 중 일부는 스페인어와 영어를 사용했고, 사람마다 두 언어에 대한 지식과 사용법이 달랐다. 그리고 스페인어만 사용하는 단일언어자들도 포함했다. 이 참가자들의 인지 수행 평가는 1990년대 이래로 23년간 이루어졌다. 그들은 대략 2년마다 연령에 따른 감퇴 변화 관찰을 위해 인지 검사를 받았다. 이 연구를 통해 이중언어 사용이 시간이 지남에 따라 사람의 발달에 어떻게 영향을 미치는지 평가할 수 있었다.

여기서 나타난 첫 번째 결과는 높은 수준의 이중언어 구사력이 연구 시작 시점 즉, 23년 전에 실시한 인지 수행 결과와 관련이 있다는 사실이다. 그러나 이것은 그렇게 중요하지 않다(알이 먼저냐 닭이 먼저냐를 기억하자). 반면 인지 감퇴가 이중언어 사용 수준에 따라 달라지지는 않았다. 즉, 이중언어를 사용한다고 해서 인지 예비용량이 더 커지는 건 아니었다. 또 다른 흥미로운 연구 결과가 나왔는데, 이것은 치매 발생 가능성과 관련이 있다. 이 결과도 부정적이었다. 이중언어자라고 해서 이런 신경퇴행성 질환을 앓을 가능성이 낮은 건 아니었다.

다른 연구 결과는 더 복잡했다. 예를 들어, 몬트리올에서 진행된 연구에서도 이중언어 사용이 치매 증상을 지연시키지 않는다는 결과가 나왔다. 그럼에도 두 개 이상의 언어를 사용하는 사람에게는 치매 지연

이 나타났다. 또한, 사회 경제적 수준이 상대적으로 낮은 일부 고령자들 사이에서는 이중언어 사용이 인지 예비용량을 높이는 것 같았다.

여기까지가 현재 상황이다. 그렇다면 우리가 어떤 사실을 믿어야 할지 궁금할 것이다. 이중언어 사용이 사람의 인지력 감퇴를 예방할까, 아닐까? 미안하지만 지금은 이 질문에 대한 확실한 답변을 줄 수 없다. 물론 내 의견은 말할 수 있다. 내가 볼 때는, 이중언어 사용이 사람의 인지력 감퇴를 막는 데 효과가 있다는 충분한 실험적 증거가 있다. 그러나 더 확실한 결과를 만드는 조건에 대해서는 아직 잘 모른다.

이중언어 사용은 사회 경제적 및 교육 수준과 같은 많은 변수와 상호작용할 가능성이 매우 높다. 이 말은 이중언어 사용이 모든 사람에게 큰 효과를 주지 않을 수도 있고, 따라서 이러한 영향력을 파악하기가 어렵다는 뜻이다. 마치 알렉스 부에노가 부른 〈금지된 정원〉(Forbidden Garden)의 노래 가사처럼 "인생은 그래요, 내가 만든 게 아니죠"라고 말하는 것 같다.

인내가 과학의 어머니라는 것을 잘 알기 때문에 나는 이 연구를 포기하지 않는다. 곧 이중언어 사용이 인지 예비용량에 미치는 진짜 효과를 발견하게 될 것이다. 물론 위에서 말했던 희극배우 페페 루비아네스는 다중언어 사용자다. 자신의 인지 예비용량을 충분히 사용할 수 없었다는 건 안타까운 사실이지만(그는 만 62세에 폐암으로 사망했다-옮긴이), 어쩌면 그에게는 그것이 필요 없었을지도 모른다.

이번 장에서는 이중언어 사용 경험이 인지 체계에 끼치는 영향에 관한 논란 있는 주제를 살펴보았다. 여기서는 이중언어 사용이 수행 통제 체계 발전과 그것을 유지하는 뇌 구조에 어떻게 영향을 미칠 수 있는지에 좀 더 초점을 맞추었다. 살펴봤듯이 이 주제는 다소 모순된 결과를 산출하는 복잡한 연구들로 가득하다. 대부분 그렇다. 아직은 주의 체계의 작동법을 잘 모르기 때문이다. 그래서 이중언어 사용에 대한 연구도 복잡하고 실험 비교도 어렵다.

그러나 교육과 사회 및 임상과 관련된 중요한 요인 중 하나이기 때문에 이 분야는 빠르게 발전할 거라 확신한다. 이를 위해서는 소음들 사이에서 신호를 구분하고 알곡과 쭉정이를 분리해야 한다. 나는 이미 맨해튼에서 돌아와 바르셀로나에서 내 주의 체계에 긴장을 풀고 있다. 나는 곧 그 바쁜 도시와 핫도그와 치즈 케이크가 그리워질 거고, 이곳의 맛있는 하몽으로 대신 그 마음을 달랠 것이다.

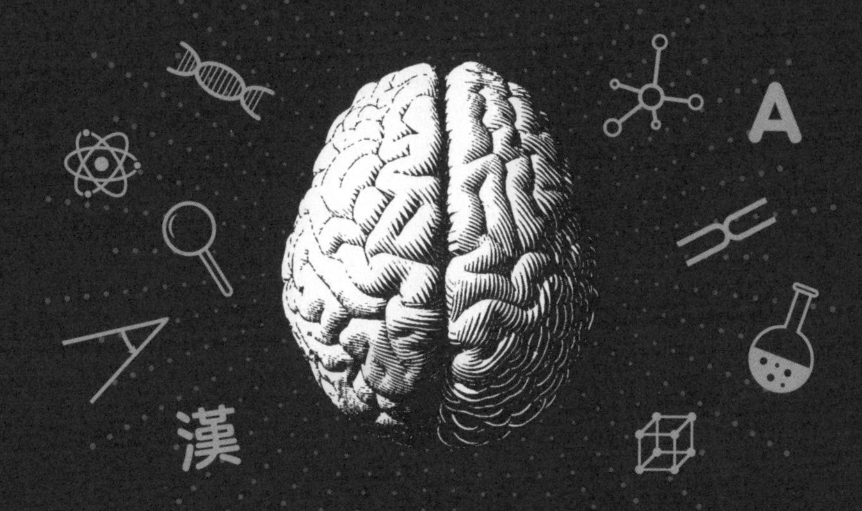

이중언어자의 의사 결정

가끔은 심사숙고 없이 상이 남발되고 있다는 생각이 든다. 예를 들어, 오스카상 시상이 다가오면 특히 이런 일이 더 많이 생긴다. 개인적으로는 시상 후보 기준도 이해가 안 가고, 특히 워렌 비티(2017년 오스카 시상식에서 봉투배달 사고로 작품상 수상작을《문라이트》가 아닌《라라랜드》로 호명한 뒤 이를 번복했다-옮긴이)가 상을 수여했을 때 수상 결과도 이해가 안 간다. 그러나 그렇다고 크게 걱정할 일은 아니다. 이건 할리우드 쇼 비즈니스의 영역이기 때문이다. 그건 그들이 해결할 일이다.

하지만 노벨상 수상, 특히 노벨 평화상 수상이 이해가 안 가면 더 짜증난다. 노벨 평화상을 받는 사람들이 이렇게 차이 날 수 있는 것일까? 예를 들어, 헨리 키신저(베트남 평화협정을 성사시킨 공로로 1973년 노벨평화상을 받았지만, 그는 베트남 전쟁 주역이었고 이 전쟁에 캄보디아까지 끌어들였다는 비난을 받았다-옮긴이)와 넬슨 만델라(남아프리카공화국 최초의 흑인 대통령이자 흑인인권운동가-옮긴이)가 이 상을 받은 건 역설적이다. 정말 이해가 안 간다. 두 사람의 정치적, 인간적 변천사는 다른 정도가 아니라, 아주 정반대이다. 100세에 가까운 헨리 키신저(그는 1923년생이다-편집자)는 여전히 수많은 지역에서 수많은 인권 침해로 고소당하고 있지만, 넬슨 만델라는 남아프리카공화국에서 반인종차별주의 투쟁의 챔피언으로 존경을 받는다. 판사 발타사르 가르손(Baltasar Garzón: 스페인 최고 형사법원의 수사 판사로 '스페인의 깨끗한 손'으로 불리며 세계적인 명성을 날리는 인권법의 영웅이다. 보편관할권에 따라 전 세계적인 반인도적 범죄는 어느 나라나 관할권이 인정되는데, 이에 따라 그는 세계적인 사건들에 대해 범죄 기소를 했다-옮긴이)은 키신저를 기소했고, 만델라는 모든 이들에게 존경을 받고 있다. 그런데 이 둘은 다 노벨 평화상 수상자다. 이해할 수 없는 일이다. 여기서 키신저는 저만치 떼어놓고 만델라에 대해서만 생각해보자. (이와 관련된 정치적 분위기를 더 알고 싶다면 크리스토퍼 히친스가 쓴 『키신저 재판』[아침이슬, 2001]을 놓치지 마라.)

넬슨 만델라는 남아프리카의 아파르트헤이트(과거 남아프리카공화국의 인종차별 정책-옮긴이) 제도에 맞서 투쟁하다가 27년간 감옥 생활을 했다. 당시 복잡한 상황 속에서도 그는 아프리칸스어(Afrikaans語) 공부에 열중했다. 이 언어는 40년이 넘는 기간(1948~1992년) 동안 분리 정권 체제를 수립하며 남아프리카에 정착한 네덜란드계 자손이 사용하는 언어다. 그런데 왜 만델라는 이 언어를 공부했을까? 사실 남아프리카 공화국 인구의 대다수는 호사어를 사용하는데 이것은 아프리카 반투족 언어 중 하나로, 만델라도 이 언어를 모국어로 사용했다. 게다가 그들 대다수는 아프리칸스어를 구사하는 사람들을 혐오했다. 자기 나라를 분리하고 억압한 적이었기 때문이다. 어떤 이들은 만델라가 교도관에게 잘 보이려고 그렇게 했다고도 한다. 또 어떤 이들은 적과 싸울 준비를 하는 가장 좋은 방법은 적의 관습, 취향 및 언어를 배우는 것이라고 생각했기 때문이라고도 한다.

어쨌건 만델라가 했던 말 중에 도움이 될 만한 문구가 있다. "상대방이 이해할 수 있는 언어로 말한다면 그 대화는 상대방의 머리로 간다. 상대방의 언어로 말한다면 그 대화는 상대방의 가슴으로 간다." 어쩌면 만델라가 적의 언어를 배우기 시작할 때 염두에 두었던 말일 수도 있다. 그는 도리에 맞게 말할 뿐만 아니라, 그들 마음에 도달하기 위해 그들의 언어로 대화하길 원했다.

이 장에서는 만델라가 얼마나 옳았는지, 그리고 우리가 뭔가를 결정할 때 사용하는 언어에 따라 감정과 실행 과정이 어떻게 달라지는지 살펴볼 것이다.

대화의 맥락이 중요할 때

제1장에서는 요람에서 두 언어에 노출된 아기가 겪는 몇 가지 어려움을 설명했다. 이 아기들은 매우 비슷한 사회적 상황 속에서 두 언어를 배운다. 만일 아버지가 네덜란드어를 하고 어머니가 스웨덴어를 한다면, 두 언어를 사용하는 상황은 비슷할 것이다. 다시 말하자면, 부모는 자녀에게 두 언어로 사랑을 주기도 하고 꾸짖기도 할 것이다. 그러나 대부분 사람은 첫 번째 언어를 배운 것과는 다른 사회적 상황 속에서

두 번째 또는 세 번째 언어를 배운다. 그리고 이런 학습은 규제된 방법으로 언어의 문법 특성과 어휘를 습득하는 맥락 속에서 진행되는 경우가 많다. 이 두 가지 경험 즉, 이중언어 환경에서 태어나고 자라면서 배우는 것과 학습을 통해 새 외국어를 배우는 것에는 많은 차이가 있다. 여기서 우리는 그중 하나에 초점을 맞출 것이다. 이것은 언어의 사회적 사용과 관련 있고, 언어와 감정의 관계를 생각하게 해줄 것이다.

학문적으로 배우는 언어는 정작 사용하는 데에는 아주 제한적일 때가 많다. 그래서 학생들은 그 유용성에 의문을 품고 흥미를 잃는다. 수많은 국가에서 영어를 외국어로 배우면서 이런 일이 생긴다. 이런 상황은 내가 학교 다니던 때와 많이 다르지 않다. 지금도 여전히 청소년들의 불만이 들린다. 그들은 영어 과목을 아주 귀찮아하고 별 도움이 안 된다고 생각한다. 이럴 때 보통은 부모와 선생, 사회는 이렇게 말한다. "얘야, 영어를 배우면 경쟁력도 더 생기고 도움이 많이 될 거야."(나도 이런 말을 했다가 WTF![What the fuck, 이런 젠장]이라는 말을 들었다). 노력에 대한 보상이 수년, 수십 년 후에 이루어진다면 그 노력을 계속하기가 어렵다. 마치 돈 후안 테노리오(스페인의 작가 호세 소리야 이 모랄[Jose Zorrilla y Moral]이 지은 동명 작품 속 인물-옮긴이)처럼 "나를 너무 오래 믿고 있군!"이라고 말하는 것 같다.

내가 볼 때는 학습 배경이 언어 처리 수준에 다양한 영향을 끼친다. 제한된 학습 환경, 즉 언어의 실제 사용과는 동떨어진 언어 학습 환경은 소리 습득을 포함한 문법 공부에 그다지 큰 영향을 끼치지 않는다. 그러나 소위 '화용론'(pragmatics)이라고 하는 '언어 사용'에는 큰 영향을 끼친다. 보통 화용론은 맥락이나 상황이 단어의 뜻이나 의사소통 행위

해석에 미치는 영향과 관련 있다. 화자가 말하려는 것, 즉 말하는 사실을 바탕으로 내린 추론과 관련이 있다. 언어 사용역(language registers: 언어 사용 상황에 따라 화자가 의도적으로 선택하는 문법적, 어휘적, 표현적 범위-옮긴이)이 각 대화 맥락에 적합한지 등을 말한다.

예를 들어, 반어적인 사용역을 사용할 때, 대부분은 상대가 이해하길 바라는 내용과 반대로 말한다. 예를 들어, 나는 식당에 들어가면, 하몽(jamón: 돼지 뒷다리를 소금에 절여 건조한 스페인의 생햄-옮긴이) 질이 좋은지 아니면 최상급인지를 물어보곤 한다. 그저 하몽이 좋은지만 물어보면, 웨이터는 이곳에 일하는 사람으로서 질에 상관없이 좋다고 대답할 수밖에 없다. 그러나 두 가지 선택을 두고 질문을 하면, 웨이터는 내가 자신을 곤란하게 만들려는 게 아니라 사실을 알아내려고 하는 것임을 정확히 파악한다. 놀라겠지만 생각보다 "하몽 질이 좋습니다"라고 대답하는 경우가 상당히 많다. 그럼 나는 앤초비만 먹고 얼른 나온다. 이것이 바로 화용론과 관련 있다.

이런 종류의 의사소통이 효과가 있으려면 대화자들이 대화 맥락 속에서 비슷한 사고 모델(mental model)을 갖고 있어야 한다. 상사가 당신에게 "거절하지 못할 제안을 하겠다"고 하는 것과 아들이 이렇게 말하는 것은 다르다. 여기서는 문맥만 중요한 게 아니라, 문맥에 따라 달라지는 의미를 포함한 단어의 뜻에 대한 정교한 지식도 있어야 한다.

아마 이것이 제2언어를 배울 때 가장 힘든 부분일 것이다. 대략 6세까지의 아이들은 언어를 문자 그대로 해석하는데, 이처럼 모국어를 배울 때도 어려움은 있다. 여기서 화용론에 관한 여러 이론을 제시하려는 건 아니다. 그 이론은 언어 철학에서 나온 부분이기 때문이다. 이러한 경험이 우리가 외국어를 배우는 과정에서 겪는 당연한 일임을 깨닫기 바라며 사례 몇 개만 제시할 것이다. 이런 예들을 보면 다음 단락에서 이야기할 모국어 및 외국어 처리와 감정, 그리고 의사 결정 사이의 관계를 더 잘 이해할 수 있을 것이다.

내가 볼 때 외국어 습득 과정에서 나타나는 획기적인 분기점 중 하나는 외국어로 유머를 나눌 수 있을 때이다. 물론 한 번이 아니라 이후에도 계속 다른 사람이 웃을 때마다 함께 이해하며 웃을 수 있어야 한다.

친구들과 이야기를 나누는데 누군가 외국어(스페인어 사용자라면 영어)로 유머를 하면, 머릿속에서 '무슨 소린지 모르겠는데…'라는 목소리가 들린다. 모두가 웃는데 나만 얼어붙는다. 아니면 수줍게 웃을 수도 있다. 그러나 이것은 다른 사람의 폭소에 분위기를 맞추거나, 유머를 이해하지 못했다는 사실을 감추기 위해 하는 반사적인 행동일 뿐이다. 그러나 유머를 이해하지 못했다는 것은 자신도 잘 알고 있다. 그러면서 갑자기 우울해지고 학교에서 받은 8년간의 영어 수업을 저주하게 된다. 이런 상황은 단어나 문장을 이해 못하는 게 아니다. 그것은 완벽하게 들었다. 다만 그것이 어떻게 웃게 했는지를 도무지 모르겠다. 왜 외국어 유머는 이해하기 어려운 걸까?

유머는 다양한 함정을 지닌 매우 복잡한 의사소통 행위다. 아이러니와 간접 언어, 놀라움, 목소리 톤, 단어의 이중 의미, 여러 음운론적 유사성 등으로 구성되어 있다. 유머를 주고받을 때는 메시지를 문자 그대로 이해하거나 곧이곧대로 받아들이길 바라면서 하지 않는다.

물론 학교 수업에서는 이런 유머를 가르치지 않는다. 보통 학교에서는 문자와 문장 그대로의 의미를 많이 강조하지만, 그것을 특정 상황에서 사용하는 방법은 별로 언급하지 않는다. 이런 표현은 여러 상황에서, 문자 그대로의 의미만이 아니라 대화 내용에 따라 달라지는 표현을 사람들과 상호 작용함으로써 배운다.

다른 예는 비속어와 관련된 표현이다. 내가 굳이 말하지 않아도 지금 여러 욕이 머릿속에 떠오를 것이다. 놀랍게도 외국어로 된 욕은 정말 재빨리 배운다. 아이들은 부모님이 하지 말라는 것은 더 즐겁게 배우는 것 같다.

우리는 어느 정도 안 좋은 말 또는 비속어를 사용한다. 왜 그렇게 자주 감탄사나 비속어를 사용하는지에 관한 다양한 설명이 있다. 관심이 있다면 스티븐 핑커가 쓴 『생각의 요소: 인간 본성의 창구로서의 언어』(*The Stuff of Thought: Language as a window into human nature*)를 보길 바란다.

나는 비속어 사용 자체에는 문제가 없다고 생각한다. 단, 그것을 언제 사용해야 하는지, 무엇보다도 의사소통 상황에서 어떤 표현을 사용해야 하는지는 알아야 한다. 이런 부분은 사회와 언어 및 정서적 맥락에 따라 크게 달라지기 때문에 제대로 배우기 어렵다. 단어 선택은 그와 관련된 감정 강도와 의사소통 상황에 크게 좌우된다.

또한, 이런 말은 입에서 자동으로 나온다. 실제로 이런 말은 주의를 끌 만한 상대가 없더라도 감정을 표현하기 위해 사용된다. 뭔가 원하지 않거나 예상치 못한 일이 발생했을 때 그리고 완전히 혼자 있을 때 입에서는 얼마나 자주 욕이 나오는지! 물론 제대로 번역하기 힘든 단어들도 있다. 문화에 따라 그 나라에서만 사용될 수도 있기 때문이다. 그러나 성이나 분뇨에 대한 주제와 관련된 단어는 그 버전이 수없이 많다. 그렇다고 다 사용할 수 있는 건 아니다. 사용법을 모르기 때문이다. 대부분은 그 말을 들었을 때 정확히는 이해하지 못한다. 이것은 외국어의 화용론에 대한 지식이 부족해서뿐만 아니라, 그 단어들이 원래 생각했던 소리처럼 들리지 않기 때문이다.

그렇다면 '들려야 하는 소리처럼 들린다'는 것은 무슨 뜻일까? 우리가 그 단어를 말하거나 들을 때 경험하는 감정 반응이 원래의 단어 뜻과 같을 때를 말한다. 외국어로 강한 비속어를 사용할 때뿐 아니라, 다른 사람이 그런 말을 하는 것을 들을 때도 마찬가지다. 이런 감정적 거리감 때문에 모국어보다 외국어로 더 쉽게 나쁜 단어를 사용하는 것 같다. 그래서 종종 제2언어를 모국어로 쓰는 원어민들은 우리가 비속어를 할 때 놀라거나 불편해한다.

제2언어로 유머를 하거나 비속어를 올바르게 사용하는 일은 전문가들이 그다지 신경 쓰지 않는 부분이다. 사실 그들은 내가 쓴 이전 단락을 보면서 짜증이 날 수도 있다. 그들에게 중요한 것은 아이들이 불규칙 동사들을 제대로 외우고 철자를 틀리지 않는 것이기 때문이다. 물론 이런 것이 학습을 통해 외국어를 가르치는 가장 편리한 방법이긴 하다. 하지만 요즘 아이들은 교실에서만 외국어를 배우는 게 아니라, 인터넷으로 오락을 하거나 음악을 듣거나 좋아하는 유튜브 채널을 보면서도 외국어를 배운다. 즉, 사회적 맥락 안에서 직접 언어를 사용하면서 배우는 중이다.

이중언어 사용과 감정 반응

앞에서 말한 것처럼 만델라는 상대방의 모국어로 대화를 나누면 그 메시지가 가슴에 전해지고, 외국어로 대화를 나누면 머리에 전해진다고 생각했다. 좀 과장된 표현처럼 들리지만, 나는 그의 말에 동의한다. 만델라만 그런 생각을 한 건 아니다. 역사에는 이런 생각을 한 사람들이 늘 있었다. 예를 들어, 샤를마뉴(카롤루스 대제)는 프랑스어와 라틴어를 구사하고 고대 그리스어도 어느 정도 이해했다. 그런 그도 "다른 언어를 배우는 건 두 번째 영혼을 얻는 일과 같다"라고 했다. 과연 이 말은 사실일까? 모국어와 외국어의 감정 반응에는 어떤 차이가 있을까?

나는 태어날 때부터 이중언어를 사용했지만, 그래도 가장 편하다고 느끼는 언어는 모국어인 스페인어다. 그렇다고 친구와 동료 및 학생들과 카탈루냐어를 사용하지 않는 것은 아니다. 심지어 평상시에 아들과 대화할 때는 주로 카탈루냐어를 쓴다. 아들이 열한 살 때 자주 논쟁을 했는데, 그럴 때마다 목소리가 꽤 높아졌다. 그날도 무슨 이유로 싸웠는지는 잘 기억나지 않지만, 분위기는 꽤 뜨거웠다. 이미 아이가 싸움에 질린 상태에서 나는 사용하던 카탈루냐어를 멈추고 무의식적으로 스페인어로 말하기 시작했다. 여기까지는 그럭저럭 상황이 괜찮았다. 그런데 아들의 반응이 흥미로웠다. 그는 "그만요, 아빠, 스페인어 그만 하세요!"라고 말했다. 그래서 나는 "뭐? 뭐라고?"라고 대답했다. 아들은 내가 예전에도 화를 낼 때 갑자기 스페인어로 말을 바꾸어 정말 짜증이 났고, 그럴수록 상황이 더 안 좋아졌다고 했다. 아들은 내가 우세 언어인 스페인어로 감정을 표현하는 강도가 비우세 언어보다 크고, 내가 진짜

화나면 입에서 스페인어가 튀어나온다는 사실을 눈치 챈 것 같았다. 나는 그 말에 웃음을 터뜨렸고, 그 순간을 잘 넘긴 후 아이와 밥을 먹었다.

이 주제를 다룬 연구들은 주로 두 방법을 선택한다. 첫 번째는 이중언어자들이 각기 다른 언어를 사용할 때 느끼는 감정에 대한 설문과 인터뷰 자료를 수집하는 방법이다. 아네타 파브렌코와 장 마르크 드웨일이 이 방법을 사용해 진행한 연구에 따르면, 모국어로 하는 감정 경험 인식이 외국어로 할 때보다 훨씬 컸다. 한마디로 두 언어는 똑같이 들리지 않는다.

이 연구는 사람들이 사용하는 언어와의 관계를 어떻게 느끼는지 직접 질문한 것이기 때문에 무척 유용하다. 누군가가 나에게 영어로 "아이 러브 유"(I love you)라고 하는 것과 스페인어로 "떼 끼에로"(Te quiero)라고 말하는 것 중 어떤 말에 더 감정을 느끼느냐고 물어보면, 나는 후자라고 대답할 것이다. 그러나 그 느낌이 어떻게 다른지 혹은 정말 다른지는 잘 모르겠다. 전자는 내가 그렇게 느낀다고 생각하는 거고, 후자는 정말 그렇다고 느끼는 것 같다. 이 부분에 대해서는 다른 연구로 보완해야 한다.

또 다른 방법은 두 언어의 단어나 문구에 대한 감정 반응이 어느 정도 다른지 알아보는 좀 더 간접적인 실험이다. 여기 나온 결과는 논쟁의 여지가 많다. 경우에 따라 차이점을 높이 평가하기도 하고 그렇지 않기도 하다. 이 연구 중 일부를 살펴보도록 하자.

이전 장에서 주의 통제에 관해 이야기할 때 '스트룹 효과'를 언급했다. 이 효과는 과제의 자극과 크게 상관없는 요소가 참가자의 과제 수행에 방해가 될 수 있다는 사실에 근거한다. 예를 들어, 단어를 쓴 잉크색을 말하는 과제를 한다고 상상해보자. 단어 뜻은 별로 중요하지 않고, 색에만 신경을 쓰면 된다. 따라서 검은색 잉크로 쓴 '오토바이'와 '빨간색'이라는 두 글자를 말하는 시간은 비슷해야 한다. 이미 눈치를 챘겠지만, 참여자들의 대답은 단어의 의미와 색깔이 일치하지 않으면 더 느렸다. 다른 말로 하자면, 과제를 하는 데 별로 중요하지 않은 요소(단어 뜻)가 과제 수행(잉크색 말하기) 속도에 영향을 주었다. 따라서 감정적인 뜻을 가진 단어와 중립적인 단어를 비교해서 동일한 연구를 하게 되었다. 관찰 결과, 감정 반응을 일으키지 않는 단어(책상, 갈대 등)보다 감정 반응을 유발하는 단어(사랑, 죽음 등)를 쓴 잉크색을 결정할 때 더 시간이 걸린다. 이 결과는 이런 단어의 감정적 가치가 자동으로 우리 주의를 끌기 때문에 감정성(emotionality)이 높을 때 더 혼란스럽고 잉크색을 말할 때 지체함을 알 수 있다. 많은 연구들은 제2언어로 단어를 말할 때 스트룹 효과가 줄어든다는 사실을 보여준다. 다시 말해서, 감정적 가치는 외국어가 모국어보다 낮고, 그 결과 우리 주의를 덜 끌고, 주요 과제 실행에도 덜 간섭을 받는다. 그럼에도 어떤 연구들은 이런 패러다임에서 언어 간의 차이를 증명하지 못했다. 따라서 이 질문도 여전히 의문의 여지가 남는다.

두 번째는 자율 신경계 변화의 결과로 감정 단어들이 일으키는 정신생리학적 반응을 연구하는 데 초점을 맞추는 방법이다. 이러한 반응은 어떻게 측정할 수 있을까? 피부의 전기 전도도와 심박수 또는 동공 확장과 같은 감정 상황에 따른 변화 지표가 있다. 보통 감정 상황을 경험하면, 땀 때문에 피부의 전기 전도성이 높아지고 맥박이 증가하며, 동공이 확대된다. 보스턴대학교의 캐서린 칼드웰-해리스가 주도한 연구에서는 유년기 이후 배운 제2언어로 감정 자극을 받으면 피부의 전기 전도성이 더 낮은 것으로 나타났다. 특히 한 실험에서 외국어나 모국어로 "부끄럽지도 않아요?"와 같은 질책하는 말을 할 때 특히 더 흥미로운 결과가 나타났다. 이러한 문구는 "자동차가 파란색이다"와 같은 중립적인 문구보다 피부 전기 반응에서 더 큰 변화를 보였지만, 단 피실험자가 모국어로 할 때만 그런 반응이 나타났다.

이 결과는 어른이 되었을 때 어린 시절의 사회적 경험이 후속 언어 처리 과정에 영향을 미칠 수 있다는 것을 보여준다. 이것은 부모님이 말한 표현과 우리가 느끼는 감정 상태가 자동으로 연관 지어지는 것과 같다. 그 연관성은 부모님이 우리에게 말한 언어에서 나타나고, 커서 학문적으로 배운 언어에는 그다지 많이 나타나지 않는다.

끝으로 모국어와 제2언어에서 나타나는 감정적 내용과 관련된 뇌 활동을 탐구한 연구도 있다. 예를 들어, 베를린자유대학교에서 실시한 연구에서는 독일어와 영어를 사용하는 사람들이 『해리포터』를 읽는 동안 중립적 혹은 호의적이거나 감정적 내용을 접할 때 뇌 활동을 평가했다. 결과는 분명했다. 편도체와 같은 감정 처리와 관련된 뇌 영역 활성화는 중립적인 내용보다는 감정적인 내용이 나올 때 더 크게 나타났다. 그럼에도 이 효과는 참여자들이 모국어(독일어)로 된 책을 읽을 때만 일어났다. 제2언어로 읽을 때는 두 내용들 간에 나타나는 뇌 활동의 차이가 크지 않았다.

이 연구들에서는 어린 시절 이후에 배운 언어를 사용할 때 감정 반응이 감소한다고 지적하지만, 여기에도 여전히 알 수 없는 내용이 많다. 예를 들어, 그런 감소가 제2언어 때문인지 또는 언어를 배웠던 사회적 환경 때문인지는 알 수 없다. 또한 그 언어 습득 연령과 관련 여부도 알 수 없다. 내 예측에 따르면, 이 모든 변수가 우리의 감정 반응에 영향을 끼치지만, 그중에서도 가장 결정적인 변수는 우리가 그 언어를 사용할 때 사회적으로 어떻게 확산되었는지인 것 같다.

의사 결정: 직관과 이성

나는 20년 전 바르셀로나대학교의 심리학과에서 연구 협력 과정을 시작했다. 1991년도 여름이었고 두 번째 심리학 연구 코스를 막 끝낸 상태였다. 그해 여름에 공동 작업을 할 만한 게 있는지 알아보려고 학과에 갔다. 내 관심 분야는 인지와 관련해서 특히 의사 결정과 일반적인 문제 해결 방법 쪽이었다. 그 과정에서 누리아 세바스티안 교수를 만났고 덕분에 언어와 이중언어에 대한 관심이 다시 살아났다.

20년이 지난 후에도 나는 누리아 교수와 우정을 유지하며 계속 협력하고 있고 이제는 의사 결정 분야를 연구하고 있다. 비록 이중언어 사용과 관련된 내용이긴 하지만 말이다. 이번 단락에서는 의사 결정에 관한 몇 가지 기본 개념을 소개하겠다. 주제에 들어가기 전에 먼저 사용하는 언어가 의사 결정에 어떤 영향을 주는지 알아볼 것이다.

인지심리학 분야에서 지난 40년간 가장 영향력 있는 학자 두 명을 꼽자면 대니얼 카너먼과 아모스 트버스키이다. 그들의 연구 덕분에 의사 결정 시 작용하는 인지 메커니즘에 관해 많은 부분을 새롭게 연구하게 되었다. 그 결과 인지심리학과 경제학 사이에서 새로운 분야가 탄생

했는데, 이를 행동경제학이라고 부른다. 이 두 명의 심리학자는 노벨 경제학상(또는 존재한다면 노벨 심리학상)을 받을 자격이 충분했다. 그리고 트버스키가 사망한 후 몇 년이 지난 2002년에 대니얼 카너먼은 혼자 그 상을 받았다. 이 두 심리학자에 관해 더 자세히 알고 싶다면, 마이클 루이스가 쓴 『생각에 관한 생각 프로젝트』(김영사, 2018)를 읽어보길 바란다.

이들은 1978년 노벨 경제학상 수상자인 허버트 사이먼이 이미 제안했던 논문을 발전시키는 데 큰 공을 세웠다. 즉, 의사 결정을 해야 하는 복잡한 상황을 마주할 때 사람들은 무엇을 선택할지 실제 확률을 계산하는 게 아니라, 대신 세부 사항을 단순화하고 경험적으로 알게 된 지름길을 사용하는 경향이 있다는 내용이다. 이 단순화와 지름길 사용은 문제를 직관적으로 해결하게 한다. 그 문제에 관여하는 모든 변수를 고려하는 일은 무시하고, 곧바로 정확한 해결책으로 직행하는 것처럼 보인다. 그리고 이런 지름길 활용은 대부분 잘 통한다.

문제에 대한 직관적인 해결은 우리 목적에도 잘 맞는다. 예를 들어, 연인 관계를 끝내려는 마음으로 관계 유지에 대한 찬반양론 목록을 만들기 시작했다면, 이미 그 관계는 끝났다고 봐야 한다. 사랑은 그런 식으로 움직이는 게 아니기 때문이다. 이런 경우처럼 특정 상황에서 해결책을 찾는 과정에 대해서는 자세히 말하기 어렵다. 왜 그 해결책을 선택했는지는 모르지만, 효과는 있었음을 안다. 그런 직관은 이전에 유사한 상황에서 암묵적으로 축적해온 경험에서 나오기 때문이다. 이런 암묵적 학습 덕분에 비슷한 상황에서 거의 즉각적으로 해결 방안을 제시할 수 있다. 이 부분에 관해 더 알고 싶은 독자는 말콤 글래드웰이 쓴

『블링크』(21세기북스, 2016)를 읽어보라.

그러나 어떤 경우에는 이런 지름길이 우리에게 제시된 선택에 담긴 확률과 사실을 일정 부분 왜곡하기도 한다. 이런 왜곡 때문에 상황에 따라 비합리적인 행동을 하거나 최적 선택이 아닌 결정을 할 수도 있다. 이런 왜곡을 '사고 편향'이라고 부른다. 우리 행동의 기대 가치를 극대화하고 문제의 여러 변수를 늘 신중히 생각하고 행동한다면, 위대한 경제 사상가들이 말하는 '호모 이코노미쿠스'처럼 살아갈 수 있을 것이다. 그러나 우리는 '호모 사피엔스'이고, 우리의 결정은 신중하고 합리적인 유형보다는 직관적 과정에 많은 영향을 받는다.

린다의 예를 들어보자. 아모스 트버스키와 대니얼 카너먼이 제안한 매우 간단한 문제다.

> 린다는 31세로 여성으로 미혼이고 지적이며 똑똑하다. 그리고 철학을 전공했다. 학생 때부터 사회 차별 정의 문제에 관심이 많아서 반핵 시위에도 참여했다. 다음 중 어떤 모습일 가능성이 더 높을까?
>
> a) 린다는 은행 창구 직원이다.
>
> b) 린다는 은행 창구 직원이고 여성주의 운동가다.

추측하건데 b)를 선택한 사람이 더 많을 것이다. 적어도 많은 사람이 이런 의심을 한다. 그러나 좀 더 생각해보면 정답은 분명해진다. a)일 가능성이 크다. 두 가지 일이 함께 발생할 확률은 한 가지 일이 일어날 확률보다 크지 않기 때문이다. 만일 린다가 은행 출납원이자 여성주의 운동가라면 그녀는 강제로 출납원이 되어야 한다. 그녀가 은행 출납원이지만 여성주의 운동가는 아닐 수도 있다. 원래 연구에서는 응답자의 약 85%가 '결합 오류'에 빠져 두 번째를 선택했다. 이 오류는 '대표성 발견법'에서 파생된 것으로 보이는데, 두 번째는 분명히 논리는 떨어지지만 린다에 대한 설명과는 더 일치한다. 달리 말하자면, 이런 전제가 주어지면 모두가 린다가 은행 출납원이자 여성주의 운동가라고 생각하는 것이다. 하지만 실제로는 그럴 가능성이 적다. 조금만 더 생각했다면 올바른 답을 찾았을 것이다. 그러므로 린다가 은행 출납원이자 운동가라고 끈질기게 요구하는 직관적인 대답을 거부해야 한다.

앞으로 접하게 될 연구에서는 의사 결정 과정에서 두 가지 시스템이 작용한다고 가정한다. 그중 하나는 경험적 지름길 또는 학술 용어로는 '시스템 1'인데, 문제에 대한 해결책을 거의 자동으로 신속하게 제시한다. 여기서는 단번에 린다가 은행 출납원이자 여성주의 운동가라고 생각한다. 나머지 하나는 더 논리적이고 신중한 방법인 '시스템 2'인데, 문제의 다양한 변수를 고려하고 직관이 제안한 것보다 나은 결론을 내린다. 이 시스템은 좀 더 신중하다. 그러나 이 시스템은 느리고 많은 생각을 요구하며 정신 자원(mental resources) 관점에서도 비용이 든다. 멈추고 생각을 해야 하기 때문이다.

의사 결정은 복잡한 방식으로 이 두 시스템의 영향을 받는다. 실제로 이들 간의 상호 작용을 통해 우리는 결국 의사 결정을 한다. 지금 우리는 각 시스템이 의사 결정에 어떤 영향을 미치는지 혹은 방해하는지에 관심이 있다. 여기서는 이런 요소들을 자세하게 들여다보지는 않겠다. 이 주제에 대해 더 알고 싶다면(그래서 자신의 의사 결정을 좀 더 이해하고 싶다면), 대니얼 카너먼의 『생각에 관한 생각』(김영사, 2018)을 읽어보길 바란다. 이제 우리는 문제가 생길 때 언어가 판단과 선호도 및 결정에 어느 정도 영향을 끼치는가를 살펴보고자 한다.

언어 선택에 신중하자, 결론이 달라질 수도 있다

의사 결정에서 직관적 방법이 증가하는 이유 중 하나는 특정 상황에서 발생하는 감정 반응 때문이다. 감정 부담이 큰 상황에서는 직관을 더 따른다. 앞에 벌어진 상황에 대해 이성적으로 생각하거나 잠시 멈춰 생각하기 어려울 때 더욱 그렇다. 때문에 너무 감정적인 상황에서는 중요한 결정을 내리지 않아야 한다. 소프트웨어 개발자는 이런 사실을 알고 있기 때문에, 발신자가 이미 보낸 내용을 취소할 수 있는 식으로 이러한 충동을 해결하려고 했다. 두 번 생각하면 문제를 막을 수 있다. 방법은 단순하다. 감정을 줄이고 직관을 잘 통제하며, 경험 법칙으로 향하려는 편향을 제어할 때 효율성은 향상된다. 가능하면 좀 더 냉정하게 생각하고 떠오르는 생각은 잘 담아두길 바란다.

성인이 되어 배웠거나 사회적으로 거의 사용하지 않고 학문적으로만 배운 외국어(제2언어)는 언어 사용에 따르는 감정 반응을 감소시킨다는 사실을 보여주는 몇 가지 증거를 살펴보았다. 그것을 기술적인 용어로 '똑같이 들리지 않는' 언어라고 했다. 외국어로 하는 비속어나 비난, 해리포터의 마법 주문은 모국어를 할 때처럼 들리지는 않는다. 따라서 감정 반응도 덜하다.

앞으로 사용할 가설은 다음과 같다. "외국어를 사용하여 결정을 내리면 감정으로 발생하는 영향력을 줄일 수 있다." 그렇다면, 의사 결정을 할 때는 모국어보다 외국어로 할 때 더 논리적이고 신중한 기준을 따르게 된다. '시스템 2'는 좀 더 오래 생각의 고삐를 쥐고 있을 가능성이 높다는 것이다. 하지만 걱정하지 않아도 된다. 나 역시 '이거 뭐라는 거야, 그건 불가능하다고!'라는 생각이 들기 때문이다.

2012년, 시카고대학교의 보아즈 케이자는 처음으로 이 문제를 분석했다. 이 내용은 학술지 『사이코로지컬 사이언스』(*Psychological Science*)에 게재됐는데, 이 논문은 의사 결정의 '프레이밍 효과'(Framing effect)를 다루고 있다. 이 효과에 따르면, 의사 결정은 구체적인 문제 앞에서 프레임(틀)에 따라 바뀔 수 있다. 선택 값이 아니라 표시 방법의 변경 때문에 말이다. 각자 판단할 수 있도록 연구 사례를 소개하려고 한다.

<수익 프레임>

최근에 처음 나타난 위험한 질병이 퍼지고 있다. 약이 없으면 60만 명이 죽을 것이다. 이 사람들을 구하기 위해 약 A와 약 B를 만들고 있다.

만일 A를 선택하면, 20만 명을 구할 수 있다.

만일 B를 선택하면, 모두 다 구할 수 있는 확률이 33.3퍼센트이고, 아무도 구하지 못할 확률이 66.6퍼센트다.

당신은 어떤 약을 선택할 것인가?

당신이라면 어떤 약을 선택했을까? 너무 걱정하지 않아도 된다. 여기서 더 좋은 선택은 없다. 효과적인 면에서 예상되는 약의 가치는 둘 다 같기 때문이다. 유일한 차이점은 A를 선택하면 어떤 일이 일어날지를 알기 때문에 안전하게 여겨지지만, B를 선택하면 확률이라 무슨 일이 일어날지 모른다는 것이다. 사람들의 선택은 일명 '위험 회피'라고 부르는 것에 달려 있다. 약 75%의 사람은 A를 선택한다. A를 만들면 20만 명이 안전하게 살지만, 나머지 40만 명은 사망한다. 알다시피, 손 안에 든 새 한 마리가 숲속의 두 마리보다 낫다. 여기까지는 논리적이다. 그러나 여기에 함정이 있다. 이것은 아모스 트버스키와 대니얼 카너먼의 초기 실험 내용이다. 이번엔 다른 참여자에게 같은 문제를 제시하고 선택을 요구하지만, 이전과는 제시 방법이 조금 다르다 .

<손실 프레임>

A를 선택하면, 40만 명이 죽을 것이다.

B를 선택하면, 아무도 죽지 않을 확률이 33.3%이고, 다 죽을 확률이 66.6%이다.

과연 사람들의 선택은 달라졌을까? 이제 더 많은 위험을 감수하고라도 B를 선택할까? 확실히 구할 수 있는 생명(수익 프레임)에 중점을 두지 않고, 확실히 구할 수 없는 생명(손실 프레임)에 중점을 두면, 지금의 안전한 선택은 이전처럼 계속 매력적으로 보이게 될까? 이 두 문제의 결과는 동일하고, 따라서 무슨 결정을 하든지 그 선택의 결과도 같아야 한다. 우리가 '호모 이코노미쿠스'라면 말이다.

그러나 우리는 그렇지 않다는 것이 밝혀졌다. 두 번째 문제에는 위험한 답을 선택한 사람들(B 선택)의 수가 첫 번째보다 훨씬 많았다. 이유가 무엇일까? 안전한 선택(A)을 많이 선택한 첫 번째 문제에서는 수익 프레임(살릴 수 있는 사람 수)으로 접근했고, 두 번째 문제에서는 손실 프레임(실패 시 죽는 사람 수)으로 접근했는데, 인간은 생명이든 돈이든 뭐든 잃는 것을 싫어하기 때문이다.

우리는 이처럼 '손실 회피' 현상을 겪는다. 두 번째 문제에서는 죽게 될 사람의 수가 더 크게 보이기 때문에 '여기서 더 이상 나빠질 것도 없다'라고 생각하며 기꺼이 위험한 선택을 한다. 이 효과에서 가장 중요한 점은 의사 결정이 선택의 기대 값(또는 그 결과)뿐만 아니라, 이 선택을 설명하는 프레임에도 좌우된다는 사실이다. 수익 프레임에서는 안전한 선택지가 나타나면, 굳이 위험한 선택을 하지 않으려 한다. 그러나 손실 프레임 안에서는 이전보다 더 모험을 선택하려고 한다.

하지만 수익과 손실 프레임에 따라 의사 결정이 달라진다는 보아즈 케이자의 발견은 '외국어(제2언어)'로 문제를 말할 때는 해당되지 않는다. 이 문제에는 옳고 그른 답이 정해져 있지 않지만, 제시하는 방법에 따라 선택이 바뀌는 현상은 외국어로 말할 때는 그다지 중요하게 다가오지 않았다. 외국어로 이런 결정을 할 때, 우리에게는 위험 회피 느낌이 별로 다가오는 것 같지 않다.

놀랍지 않은가? 우리 생각에는 판단과 선호도 및 의사 결정은 확률 계산과 함께 제공되는 선택안을 합리적으로 평가하면서 이루어져야 한다. 의사 결정과 관련 없는 부분은 무시해야 한다. 어쨌든, 프레임처럼 본질적으로 중요하지 않은 부분이 의사 결정에 영향을 미친다면 언어와 독립적으로 결정해야 한다. 그렇지 않으면, 언어는 문제의 상황에 따라 판단과 선호도에 영향을 미친다. 연구진은 이 현상을 외국어와 관련된 감정성(emotionality) 감소 때문이라고 봤다. 이것은 손실 회피를 줄여주고 보다 일관되게 또는 가능하다면 합리적으로 행동하게 한다. 즉, 외국어는 손실 프레임에서 부정적인 감정 효과를 일으키지 않으므로 수익 프레임에 비해 위험한 응답이 증가하지 않는 것이다.

이 결과를 처음 읽었을 때는 나도 믿을 수가 없었다. 놀랍기도 하고, 이러한 상태에서 사회적, 경제적, 정치적으로 매우 중요한 결정들이 일어난 것을 알고 있기 때문이다. 외국어로 문제를 논의하는 상황에서 의사 결정을 하는 사람이 많지 않은가? 의사소통이 쉽지 않은 언어로 어떻게 더 논리적이거나 일관적으로 접근할 수 있었을까? 이런 현상은 긍정적인가, 부정적인가? 유럽연합 본부가 있는 브뤼셀에서 정치인들은 무슨 이야기를 나누었을까? 회사에서는 꼭 외국어로 회의를 해야 하는 걸까? 나는 이런 질문을 하며 '아직 성급하게 판단하지는 마'라며 스스로를 다독였다. 그래서 우리는 다시 마음을 다잡고 "사용 언어와 의사 결정 사이의 상호 작용"에 관한 일련의 연구를 시작했다. 나는 20년 전 여름 바르셀로나대학교에서 연구했던 주제들을 다시 들여다보기 시작했다. 흥미롭게도 바르셀로나의 폼페우 파브라대학교의 인지 및 뇌 센터에서도 같은 시도를 했다.

우리의 연구 결과는 외국어가 의사 결정에 미치는 영향이 다른 상황에서도 똑같이 나타나고 일반화될 수 있음을 보여주었다. 몇 가지 예를 들어보자. 우리는 한 실험에서 위험 회피 분석을 했다. 이미 위에서 말했지만, 기본적으로 인간은 안전한 선택으로 더 큰 이득을 얻지 못하더라도, 좀 더 안전하게 가려고 한다. 즉, 우리가 선택한 방법의 기대 가치가 다른 선택에 따른 기대 가치보다 낮더라도 위험보다는 안전한 방법을 선택한다.

예를 들어, 당신에게 두 가지 복권 중 하나를 준다고 해보자. 첫 번째(복권 A)는 2유로를 받을 확률이 50%이고, 1.60유로를 얻을 확률이 50%이다. 공중에 동전을 던져서 앞면이 나오면 2유로를 받고, 뒷면이 나오면 1.60유로를 받는 경우와 같다. 두 번째(복권 B)는 앞면이 나오면 3.85유로를 얻고, 뒷면이 나오면 0.10유로를 받는다. 모든 복권 추첨이 이렇다면 얼마나 좋을까. 최악의 상황에도 돈을 받으니 말이다. 이런 경우에 당신이라면 어떤 복권을 선택하겠는가?

복권 A는 적어도 1.60유로를 받을 수 있고, 이 금액은 복권 B가 보장하는 금액(0.10유로)보다 훨씬 크다. 따라서 상황이 잘못될 경우 보장 금액만 보면 좀 더 안전하다. 그러나 결과가 잘 나온다면 복권 B(3.85유로)의 수익은 복권 A(2유로)의 거의 두 배다. 호모 이코노미쿠스는 의심의 여지없이, 상대적으로 간단한 분석을 통해, 복권 B의 기대 가치가 높음을 알게 되므로 그것을 선택할 것이다. 맞다. 호모 이코노미쿠스라면 복권 B를 선택한다.

그러나 우리는 A를 선택할 수도 있다. 왜 그럴까? 복권 B는 뒷면이 나올 경우 보장 금액이 복권 A보다 적기 때문이다. 이런 복권 추첨 내용을 외국어로 말할 때, 즉 스페인어를 사용하는 학생들에게 외국어인 영어로 말해줄 때, 학생들은 이 위험 회피를 줄이려는 경향을 보였다. 다른 말로 하자면, 그들은 예상 금액은 적지만 안전한 복권 A를 선택한다. 모국어보다 외국어로 표시할 때 위험 회피 빈도수가 훨씬 적었다. 어쨌든, 이 경우 학생들은 외국어로 문제를 해결할 때 좀 더 나은 경제적 이익이 따르는 선택을 했다. 우리는 이 효과의 원인이, 외국어로 문제를 설명할 때 위험 회피를 유발하는 감정 반응이 더 낮다는 사실과 연관된다고 생각한다. 만일 당신이 카지노에 간다면 모국어로 말할 수 없는 곳으로 가는 편이 낫다. 물론 카지노에서는 어떻게 해도 돈을 잃는다는 게 겁나긴 하지만.

또 다른 예는 '마음의 계좌'(Mental Accounting) 또는 '심리적 계좌'(psychological accounting)라고 부르는 것과 관계가 있다. 이 용어는 인간이 경제적인 거래의 가치를 어떻게 분류하는지를 나타낸다. 이와 관련된 사례는 우리와 친숙하다. 어느 토요일, 몇 주 전에 본 재킷을 사려고 집 근처 가게에 갔다. 꼭 필요한 것은 아니지만, 이번 시즌의 첫 번째 쇼핑이며, 지난달에 열심히 일했기 때문에 스스로에게 선물을 해줄 만하다고 생각한다. 여기에는 어떤 의심의 여지도 없다(나는 선물을 받을 만하다). 불필요한 지출에 대해 굳이 스스로 정당화할 필요도 없다. 어쨌든 우리 모두는 변덕스러울 권리가 있다. 가게 근처에 이미 왔는데, 한 친구가 그 재킷이라면 다른 쇼핑몰에서 더 저렴하게 살 수 있다고 말한다. 바로 옆 상점에서는 125유로에 살 수 있고, 친구가 말한 쇼핑몰에서는 120유로에 살 수 있지만, 차를 타고 10분간 운전해야 한다. 당신이라면 어떤 선택을 할 것인가? 5유로를 더 아끼려고 차를 타고 그 쇼핑몰로 갈 것인가? 정답은 없다. 당신이 용인할 수 있는 수준과 쇼핑 시간 사이의 많은 요소에 따라 대답은 달라진다.

이제 구매 대상을 바꿔보자. 지금 재킷을 사러 나가는 대신 15유로짜리 스카프를 사러 나갔는데, 친구가 말한 쇼핑센터에서는 같은 스카프를 10유로, 즉 5유로 더 싸게 판다는 말을 들었다. 그렇다면 차를 타고 좀 더 싼 스카프를 사러 가겠는가? 대답은 재킷을 사러 갈 때보다 '그렇다'로 말할 가능성이 더 높다. 이상하지 않은가? 재킷과 스카프 모두 똑같이 5유로를 절약하는 건데, 왜 느낌이 다른 걸까? 요점을 말하자면, 이 두 경우의 느낌은 같지 않다. 따라서 이 연구에서는 이 현상에서 외국어가 주는 영향에 대해 연구하기로 했다. 구체적으로, 다른 그룹의 참가자들에게 다음 상황을 제안한다.

A) 당신은 125유로의 재킷과 15유로의 계산기를 사려고 한다. 그리고 점원은 지금 사려는 계산기가 여기서 20분간 차를 타고 가면 10유로에 파는 곳이 있다고 말한다. 과연 다른 상점으로 갈 것인가?

B) 당신은 15유로의 재킷과 125유로의 계산기를 사려고 한다. 그리고 점원은 지금 사려는 계산기가 여기서 20분간 차를 타고 가면 120유로에 파는 곳이 있다고 말한다. 과연 다른 상점으로 갈 것인가?

두 내용에서 총비용(140유로)과 구매 총 할인(5유로)은 동일하다. 유일한 차이점은 첫 번째 경우는 더 저렴한 물건(15유로)에 대해 할인이 이루어지지만, 두 번째는 더 비싼 물건(125유로)에 할인이 이루어진다는 것이다. 결과는 분명했다. 참가자의 모국어로 이 문제를 내자 약 40%의 사람들이 더 저렴한 물건을 할인해줄 때 다른 가게에 간다고 응답한 반면, 10%만이 더 비싼 물건을 할인할 때 가겠다고 했다. 하지만 외국어(영어)로 이 문제를 냈을 때에 이런 차이는 절반으로 줄었다.

이처럼 의사 결정에서 외국어의 영향은 위험에 대한 평가에까지 확대된다. 예를 들어, 참가자들에게 특정 활동의 이익이나 위험을 평가하도록 요청할 때, 외국어를 사용하는 환경에서 위험은 실제보다 덜 위험한 것처럼 보이고 이익은 더 크게 보인다. 사람들에게 원자력 발전소와 관련된 위험에 관해 물어볼 때, 질문을 외국어로 하면(이탈리아를 모국어로 쓰는 사람들에게 영어로 물어보면) 위험을 더 낮게 평가한다. 참가자들이 모국어가 아닌 다른 언어로 한 설문 조사를 비교해보라(예를 들어, 파키스탄, 모로코, 중국 등 이주 노동자의 직업 만족도 설문 조사를 생각해볼 수 있다).

이런 결과는 의사 결정이 문제를 제시한 언어에 따라 영향을 받을 수 있음을 시사한다. 실제로 외국어 환경에서는 모국어 환경보다 더 일관성 있고 신중해 보인다. 그러나 이런 효과의 뒤에는 무엇이 있을까? 외국어로 문제를 접하면 조심스럽게 대하고 더 많은 노력을 기울일 수 있다. 외국어를 사용하면 직관적 경향이 줄어들고 더 합리적인 결정을 내리려 한다. 언어적 관점에서 문제를 이해하는 데 어려움이 있으면, 의사 결정을 다시 생각하며 직관적 시스템(시스템 1)의 반응을 차단하고 주어진 선택에 대해 두 번 생각하게 된다(시스템 2). 이 설명에 따르면, 외국어의 효과는 그것이 유발하는 인지적 노력과 마찬가지로 감정성의 감소와는 큰 관련이 없음을 유의해야 한다.

우리는 셰인 프레데릭이 개발한 이른바 '인지반응 검사'(Cognitive Reflection Test)를 통해 이 가설을 검증했다. 우리가 사용한 버전은 참가자들에게 직관적인 반응을 유발하는 세 가지 문제를 제시하는 것으로, 이 경우는 오답이 나왔다. 따라서 참가자가 정확히 대답하려면 머리에 스치는 반응을 없애고, 조금 더 이성적으로 생각해야 한다. 실제로, 일부 연구에서는 이 검사 수행 능력과 일반 지능 검사 점수 사이에 상관관계가 있음이 나타났다. 문제는 다음과 같다.

> 야구 방망이와 야구공은 총 1.10유로이다. 방망이는 공보다 1유로가 더 비싸다. 그렇다면 공은 얼마일까?
>
> (　　)센트

> 만일 5개의 기계가 5개의 키보드를 만드는 데 5분이 걸린다면, 100개의 기계가 100개의 키보드를 만드는 데는 얼마나 걸릴까?
>
> (　　)분

> 호수에 꽃이 피는 지역이 있다. 매일 꽃이 피는 지역은 두 배의 면적으로 커진다. 꽃이 전체 호수를 덮는 데 48일이 걸린다면, 호수의 절반을 덮는 데 며칠이 걸릴까?
>
> (　　)일

머릿속으로 숫자 "10, 100, 24"가 떠올랐는가? 바로 정답을 맞히지 못했다면 정말 유감이다. 이 세 가지 숫자는 거의 자동으로 그리고 빠르게 머릿속에 떠오르는 숫자지만 그저 직관적 시스템의 산물이다. 사실, 이 문제는 그 답을 끌어내기 위해 만들었다. 그러나 정답은 아니다. 조금만 생각해보면, 정답이 5, 5, 47이라는 것을 알게 된다. 여기서 그 이유는 설명하지 않겠다. 조금만 머리를 쓰면 정답을 알게 될 것이므로. 만일 외국어 효과가 인지적으로 더 많은 노력을 하게 한다면 이 문제에 대한 정답률이 더 높을 수도 있다. 그러나 그렇지 않았다. 세 문제의 성공률은 두 언어에서 같았다. 똑같이 낮았다. 또한 직관적으로 답변하는 경향은 두 언어에서 똑같이 자주 나타났다. 즉, 감정 체계를 수반하지 않는 논리적 문제에는 외국어가 영향을 미치지 않는 것처럼 보인다. 그러니 이 부분에 관해서는 아직 많은 연구가 필요하다.

다섯 명을 살리기 위해 한 명의 목숨을 희생하겠는가?

신념과 도덕적 가치는 우리가 어떤 사람인지를 말해준다. 우리는 키가 크고, 금발이며, 부유하거나 강하다는 것으로 정의되는 게 아니라, 인정이 많은지, 이해심이 있는지, 이기적인지, 일관적인 사람인지 등으로 정의된다. 우리는 각자 특정 원칙과 도덕 규칙을 갖고 있으며 우리가 누구인지는 이것이 결정한다. 또한 옳고 그른 것에 대한 자신의 원칙이 비교적 안정적이고, 시간이나 날씨처럼 별로 중요하지 않은 사소한 일에 영향을 받지 않는다고 믿거나 그렇게 믿고 싶다. 하지만 이것이 정말 사실일까? 이런 원칙은 정말로 일관적일까, 아니면 우리가 생각하는 것보다 훨씬 일관성이 없을까? 원칙과 상관없는 변수에 영향을 받을 수 있을까? 여기서는 제2언어 사용이 그 원칙들을 어떻게 바꿀 수 있는지 살펴볼 것이다.

많은 상황에서 이루어지는 도덕적 판단은 감정 반응에 영향을 받기 때문에, 꼭 문제 상황에 맞는 행동을 하지는 않는다. 상황적인 특수성에 대해서는 보다 정교한 추론을 하지 않고, 옳고 그름에 대한 대답은 직관이 결정하는 것처럼 보인다. 그래서 때때로 우리는 "그건 틀렸어. … 왜냐고? 틀리니까"라고 말한다. 갑자기 떠오르는 이런 생각은 이전 실험에서 논리적 문제에 대한 즉각적인 답변이 '시스템 1', 즉 직관적인 메커니즘을 통해 일어났다고 할 때 사용된 방법으로 설명할 수 있다. 조너선 하이트와 조슈아 그린과 같은 학자들은 이런 반응을 임마누엘 칸트와 그의 의무론적 생각과 같은 도덕 규칙과 연관시켰다. 이에 따르면, 행동은 사람들의 이익이나 욕구와 관계없이, 보편적으로 적용되는 법을 지키면 좋거나 나쁘다고 판단이 가능하다. 이러한 맥락에서 볼 때 강렬한 감정 반응은 우리로 하여금 구체적인 상황에 대한 결정에 너무 많이 생각하지 않고 도덕적 규칙을 자동으로 따르도록 이끌 것이라고 주장했다. 예를 들어보자. 이것은 미국의 철학자 주디스 자비스 톰슨이 처음 제안해서 도덕적 판단에 대한 연구에 사용한 도덕적 딜레마다.

> 기차 한 대가 다섯 명의 사람에게 고속으로 다가가고 있다. 이 기차에는 심각한 브레이크 문제가 있는데 무거운 물체를 길에 놓아 탈선을 시키면 모를까, 지금으로선 도저히 멈출 수가 없다. 그런데 아주 뚱뚱한 사람이 당신 곁에 있다. 기차를 멈출 수 있는 유일한 방법은 그를 기찻길로 밀어 죽게 해 기차를 탈선시키고 다섯 사람을 살리는 길뿐이다.

당신은 5명의 목숨을 구하기 위해 다리에서 남자를 밀어낼 수 있겠는가? 아마도 그렇지 않을 것이다. 사실, 우리는 이 딜레마에 직면해 약 80%의 사람들이 남성을 밀지 않기로 했다는 것을 알고 있다. 본문을 읽을 때, 당신은 미소를 지었거나 눈살을 찌푸리며 불쾌감에 따른 감정적 반응을 경험했을 것이다. 자동으로 '헉! 난 절대 그렇게는 안 해!'라는 말이 튀어나올 수도 있다. 이유는 모르지만 이런 반응은 거의 자동적이다. 당신의 감정 체계는 당신을 위해 '나는 그렇게 하지 않을 거야. 내 결정은 그래'라고 결정했다. 그건 위 문제에서 야구공을 10센트라고 답한 것과 같다.

그다음에는 정당화와 도덕적 논증이 따를 것이다. 사람의 생명은 신성하고 목적의 수단이 되어서는 안 되며, 누가 살고 누가 죽는지 결정해선 안 되며, 누군가를 위해 목숨을 담보로 한 행동은 참을 수가 없다는 등의 논증을 할 수 있다. 하지만 실수하지 말자. 대답은 이미 정해졌고 논쟁은 스스로에 대한 정당화일 뿐이다. 당신은 이 문제를 직감을 동원해 해결했고 문제에 대한 즉각적이고 단호한 답변을 제공했다. 한마디로 나는 불쌍하고 뚱뚱한 그 남자를 밀지 않을 것이다.

그러나 잠깐 멈춰 실용주의적 관점으로 생각해보면, 불쌍하지만 한 사람을 철로에 밀면 5명이 목숨을 건진다. 5명을 살리기 위해 한 사람의 목숨을 희생하는 편이 낫지 않을까? 이것은 결과를 어느 정도 극대화할 수 있는 실용주의적 도덕적 관점을 따르느냐, 아니면 반대로 의무론적 관점에 따라 생명을 목적을 위해 수단으로 사용하지 않는다는 보편적인 도덕법을 따르느냐에 따라 달라진다. 이 논쟁은 실제로 좀 복잡하다. '유용성'이라는 용어를 정의하기 어렵기 때문이다.

어쨌든 일부 연구진은 이전 단락에서 설명한 두 가지 의사 결정 시스템 맥락에서 이러한 도덕 판단에 접근한다. 하나는 훨씬 직관적인 방식으로 거의 자동으로 응답을 제시한다. 그리고 다른 하나는 더 냉철하고 신중한 방법으로 다양한 선택과 그 결과를 평가한다. 여기서 도덕 또는 윤리 관점에서 어떤 결정이 옳다고 하는 것이 아니다. 윤리와 도덕에 관한 책은 많지만, 나는 그 분야 전문가도 아니다. 더군다나 이런 상황에서 모든 사람을 만족시키는 해결책은 존재하지 않을 가능성이 높다. 나는 상황에 따라 도덕적 결정이 어떻게 변할 수 있는지를 보여주는 데 관심이 있다. 영국의 철학자 필리파 풋이 고안한 다음 딜레마를 생각해 보자. 이 딜레마는 어떤 면에서 이전 내용과 매우 유사하다.

> 한 기차가 다섯 명을 향해 질주하고 있다. 기차는 브레이크가 고장 나 멈출 수가 없다. 만일 기차가 이대로 간다면 다섯 명이 죽는다. 하지만 마침 앞에는 비상 철로가 있어 방향을 바꿀 수 있다. 그런데 그 철로에는 사람이 한 명 있어서, 여기로 간다면 그 사람이 죽는다.

당신이 기관사라면 다른 길로 기차를 돌리겠는가? 아마도 그렇다고 할 것이다. 여기서 우리는 80%가 방향을 바꾸겠다고 대답했음을 알고 있다. 대부분은 다섯 명을 구하기 위해 한 사람을 희생하겠다고 대답했다. 즉, 이전에 뚱뚱한 사람을 밀지 않겠다고 한 많은 사람도 이제 5명을 살리기 위해 길을 바꾸어 한 사람의 생명을 희생시킨다. 그런데 사실 이는 똑같은 도덕적 딜레마가 아닌가? 물론 그렇다. 행동에 따른 기대 측면에서 볼 때는 똑같다. 당신이 이 행동을 선택하면 한 사람이 죽고 다섯 사람을 살릴 수 있지만, 행동하지 않기로 하면 다섯은 죽고 한 사람이 산다. 그러나 두 가지 딜레마 앞에서 감정 반응은 똑같지 않다. 첫 번째 사례가 두 번째보다 더 불쾌한 감정을 일으킨다. 그리고 감정적인 긴장감이나 강도가 덜할 때, 더 생각할 시간을 갖고 냉철하게 한 사람을 희생해서 다섯 명을 살릴 가치가 있다고 결정할 수 있다. 즉, 이럴 때 더 실용주의적인 판단 기준으로 선택을 한다.

이제 여기서 흥미로운 가설이 나온다. 독자들이 이미 눈치 챘기를 바란다. 이 딜레마를 모국어로 전할 때보다 외국어로 전할 때 감정 반응이 덜하다면, 도덕적 판단과 그에 따른 결정은 딜레마를 전달하는 언어에 영향을 받을 수 있다는 사실이다. 다른 말로 표현하자면, 우리가 외국어 환경에 있을 때 더 냉철한(또는 덜 감정적인) 사람이 될 것이고, 아마도 더 실용적이 될 것이다.

우리는 이 가설을 알아보기 위해 영어를 외국어로 사용하는 스페인어 원어민 400명에게 두 가지 딜레마를 제시했다. 참가자들은 적어도 7년 동안 학교에서 영어를 공부한 대학생이었다. 그들은 일상생활에서 자주 영어를 사용하지는 않았지만, 문장을 이해하는 데는 문제가 없었다. 참가자 절반에게는 스페인어로, 다른 절반에게는 영어로 딜레마를 말해주었다. 결과는 놀라웠다. 이 딜레마를 덜 감정적으로 대하고 기차 선로를 변경하겠다고 응답한 사람은 두 언어에서 모두 비슷하게 나타났다. 기본적으로 참가자 중 80%는 실용주의적 반응 즉, 길을 바꾸어 다섯 명의 삶을 살리기로 결정했다. 이것은 다른 연구를 통해 이미 알고 있었던 예상된 결과였다.

그렇다면 감정의 강도가 더 커질 것으로 추측된 딜레마에는 무슨 일이 일어났을까? 이 딜레마를 모국어로 말해주자 참가자의 17%만 한 명의 삶을 희생시킨다는 선택을 했다. 반면에 영어로 말해주자 40%가 그런 선택을 했다. 즉, 실용주의적 반응의 비율은 모국어보다 외국어로 제시할 때 두 배로 나타났다. 언어에 따라 사람들의 도덕적 판단이 바뀐다니 말도 안 된다는 생각이 든다! 그러나 어쩔 수 없다.

나는 식사 시간에 이 결과를 말하면서 뭔가 흥미로운 점을 발견했다. 어머니와 아들은 동시에 "있을 수 없는 일이야!"라고 말했다. 50살 이상 차이 나는 이 둘은 똑같이 놀랐다. 도덕적 판단이 딜레마 상황과 '전혀 상관이 없는' 언어와 같은 변수에 영향을 받는다는 사실을 도저히 믿지 못하겠다는 눈치였다.

우리는 이 연구 결과를 과학계에 알리기 전에 참가자가 영어를 외국어로, 스페인어를 모국어로 사용하는 것이 의사 결정 변화에 어느 정도 영향을 주는지를 평가해보기로 했다. 어떤 사람은 영어라는 언어 자체가 업무용 언어라서 실용주의적인 견해를 선택하는 게 가능하다고 생각했다. 그래서 이번에는 스페인어를 외국어로 사용하는 영어 원어민에게 동일한 딜레마를 제시했다. 그러자 그 결과도 마찬가지였다. 기차 선로 변경에 대한 내용에서 언어 간 차이는 없었지만, 뚱뚱한 사람을 밀어낸다는 실용주의적 반응에서는 차이가 나타났다. 모국어로 말할 때보다 외국어로 말했을 때 실용주의적 반응이 두 배나 많이 나타났다.

이런 결과는 연구실에서 여러 언어의 반복 실험을 통해 드러났기 때문에 신뢰는 가지만, 그 원인은 여전히 잘 알려져 있지 않다. 여기서 나는 외국어가 유발하는 감정성 감소 가설을 주요 원인으로 제시했지만, 다른 방식으로 설명하기도 한다. 지금은 그것을 확증하거나 반박할 만한 자료가 없기 때문에 여기서 이 이야기를 길게 끌고 싶지는 않다. 머지않아 경제적인 면뿐만 아니라 도덕적인 면에서 외국어 사용과 의사 결정 사이의 관계에 대해 더 많은 정보를 얻을 수 있을 것이다. 『뉴욕타

임스』와 『이코노미스트』 또는 스페인 신문 『라 반구아르디아』와 같은 일반 간행물은 이런 주제에 계속 관심을 갖고 있다.

사회적 지표인 외국어 사용

이전 단락에서 외국어 사용이 경제적 또는 도덕적 의사 결정을 어떻게 바꾸는지 보았다. 이것은 다른 사람이 우리를 보는 방식에도 영향을 줄 수 있다. 제1장에서 보았듯이 아이들은 사용하는 언어로 사회적 관계 범위를 결정하는 경향이 있다. 아이들이 누구와 놀고 싶어 하는지 물어본 연구를 떠올려보자. 친구 후보 중에는 모국어로 말하는 아이, 모국어를 외국인 억양으로 하는 아이, 또는 외국어를 하는 아이들이 있었다. 아이들은 자신의 언어를 사용하는 사람을 선택했다. 외국인 억양 없이 모국어를 하는 친구 말이다.

이런 사회적 범주화의 효과는 성인기에도 직간접적으로 존재한다. 또한, 이 범주화는 다른 사람이 우리를 어떻게 생각하는지에 영향을 미치며 고정 관념과 편견의 기초가 될 수 있다. 영화 《마이 페어 레이디》에서 히긴스 교수(렉스 해리슨 분)가 여주인공 일라이자 둘리틀(오드리 헵번 분)의 발음 악센트를 바꾸려고 애쓴 것을 기억하는가? 이번 장에서는 "스페인의 비는 주로 평야에 내린다!"(The rain in Spain stays mainly in the plain: 영화 속에서 교수가 여주인공을 교육하기 위해 요구하던 중심 문장이며 많은 연습 끝에 유창하게 발음한다-옮긴이)에 대해 이야기할 것이다.

일부 연구자들은 인간에게는 타인이 말하는 방식에 자동으로 주의를 기울이는 경향이 있다고 주장해왔다. 우리는 누군가와 이야기할 때, 상대가 사용하는 단어와 형태 변화 및 사투리 어휘 그리고 악센트 등을 주목한다. 이 정보들을 바탕으로 상대방을 분류하고, 자신과 다른 그룹을 구분하는 가장 중요한 차이점으로 여긴다. 실제로 이런 경향은 사람을 그룹화할 때 피부색을 비롯한 다른 속성보다 더 눈에 띄게 나타난다. 이런 주장은, 우리의 먼 조상이 상이한 신체 특징(예를 들어, 피부색)을 지닌 사람들과는 교류할 기회가 적었지만, 다른 언어를 하거나 또는 같은 집단에 속하는지 아닌지를 결정할 수 있을 정도로 다르게 말하는 사람들과는 더 많이 교류했으리라는 생각에 바탕을 둔다.

언어의 사용은 진화론적으로 본다면 선사 시대 환경에서 변이성이 덜한 다른 특성보다 더 중요하고 눈에 띄는 특징이다. 잠깐만 생각해봐도 몇 마디 말로 한 사람에 대한 정보를 많이 얻을 수 있다. 국적과 사회 문화적 수준, 출신 지역 등을 쉽게 알 수 있다. 이 부분을 자세히 설명하지는 않겠지만, 성경의 사사기 12장을 보면 '쉽볼렛'(shibboleth)이라는 단어로 두 지파를 어떻게 구분했는지에 대한 이야기가 나온다. 두 지파가 첫 번째 음절을 다르게 발음했기 때문에 구별이 가능했다(1장에서 설명한 지각 순응을 기억하길 바란다). 그 소리를 제대로 발음하지 못한 사람들(4만 2천 명)은 죽임을 당했다(길르앗 병사들은 에브라임 사람을 구별하려고 쉽볼렛이란 발음을 시켰는데, 에브라임 사람들은 십볼렛이라고 발음해서 죽임을 당했다-옮긴이). 이것은 성경에 나온 이야기이다.

이 가설은 캘리포니아대학교의 데이비드 피에트라스제브스키가 주도한 독창적인 실험을 통해 평가를 받았다. 좀 더 자세히 살펴보자. 먼저 참가자에게 일련의 얼굴 사진을 보여준다. 사진이 하나씩 나타날 때마다 참가자는 한 마디씩 듣는다. 각 얼굴은 서로 다른 문구를 세 번 말한다. 이 얼굴의 절반(4명)은 영국식 영어로 말하고, 나머지 절반은 미국식 영어로 말한다. 모든 참가자는 모국어로 영어를 사용하는 미국 출신이다. 참가자들은 노출 단계에서 단지 문장만 듣고 얼굴을 보았다. 이 단계가 끝나면 컴퓨터 화면에 8명의 얼굴이 나타나고 전에 나왔던 문구도 들려준다. 여기서 참가자에게 각 구절을 누가 말했는지 물어보았다. 즉, 누가 무엇을 말했는지 맞히는 것이다. 이 과제는 매우 어려웠다. 우선 문장이 많고 참가자들의 기억력이 썩 좋지는 않았기 때문이다. 여기서 흥미로운 부분은 혼란스러워한 사람들이 저지르는 실수이다.

질문은 다음과 같았다. 이 과제에서 정답을 맞히지 못했을 때, 선택했던 얼굴이 정답인 얼굴과 같은 악센트를 사용했는가? 아니면 다른 악센트를 사용했는가? 원칙적으로 오류는 무작위로 나타나야 한다. 그런데 그렇지 않았다! 일정한 규칙이 나타났다. 참가자들은 얼굴이 헷갈릴 때는 노출 단계에서 보여줬던 그 얼굴(정답)이 사용하던 것과 같은 악센트로 말한 얼굴을 훨씬 더 자주 선택했다. 마치 노출 단계에서 악센트에 따라 얼굴을 자동으로 분류한 것 같았다. 이 그룹은 나중에 자신의 오류를 고칠 것이다. 이 혼란 현상은 영국과 미국의 악센트 경우에서뿐만 아니라 얼굴들이 모국어와 외국어를 포함한 서로 다른 언어를 말할 때도 발생했다. 그런데 실험 후, 참가자들에게 이런 편견을 가진 사실을 알고 있는지 물었을 때 그들은 모른다고 대답했고, 심지어 그런 대답이 그러한 분류에 영향을 받지 않을 것이라고 주장했다.

어쩌면 이 결과에 독자들은 별로 놀라지 않을 수도 있다. 어쨌든 개인을 차별화하는 모든 특징 덕분에 이런 일은 일어난다. 다 일리가 있다. 만일 노출 단계에서 백인과 흑인의 얼굴을 보여주면, 동일한 혼란이 나타난다. 사실 사람들이 다른 대학의 티셔츠를 입을 때도 마찬가지다. 종류와 상관없이 모든 단서는 우리를 타인과 분류하거나 그룹화하는 데 도움이 된다. 그것이 어떻게 가능할까? 사람들을 분류할 때 모든 단서가 똑같이 중요한 건 아니고, 일부 단서는 다른 것보다 훨씬 중요하게 작용할 수 있다.

좀 더 설명해보자. 동일한 실험에서 두 단서를 교차 시행하고 어떤 것이 참여자의 답변에 더 크게 영향을 주며 혼동을 일으키는지 볼 수도 있다. 즉, 이제 흑인과 백인 얼굴이 영국식, 미국식 악센트로 말을 한다. 혼란을 일으키는 이 단서는 어떤 식으로 나타날까? 결과는 아주 흥미로웠다. 피부색보다 더 중요한 건 대답할 때의 악센트였기 때문이다. 이것은 어린 아이들이 친구를 선택할 때 보이는 모습과 비슷했다. 말하자면, 미국의 신임 대통령처럼 일부 사람들에게 모든 징후가 똑같이 중요하게 작용할까 봐 걱정되긴 하지만, 인간은 피부색보다는 언어 사용을 더 지표로 사용하는 것 같다.

사회적 범주화로 고정 관념은 발달한다. 같은 우산 아래로 사람들을 모으면, 각 집단이 믿는 속성(악하든 선하든)이 각자에게 전달되지 않을 수 없다. 원래 우리가 가지고 있는 억양과 다른 언어(말)를 하는 사람들에게는 좋지 않은 고정 관념이 생긴다. 그러나 다른 언어로 말하는 내용이 중요한 거지, 다른 악센트를 쓴다고 해서 문제 삼거나, 적어도 부정적인 요인이 되어서는 안 된다. 하지만 현실은 그렇지 않다. 우리는 원어민과 다른 억양을 보이는 외국인 강사가 하는 말을 의심하는 경향이 있다. 예를 들어, "개미는 잠을 자지 않는다"라는 주장의 진실 여부를 판단하라는 요청을 받을 때, 외국인 억양을 가진 강사보다는 원어민 강사가 더 진실을 말한다고 생각한다.

이보다 최악은 두 사람 모두 그 문장의 진위가 읽는 사람에게 달려 있지 않음을 알더라도, 외국인 억양이 끼치는 영향은 여전히 존재한다는 사실이다. 한 마디로 우리는 외국인 억양이 있는 사람보다 원어민의 말을 더 많이 믿는다. 아마 누군가는 마드리드 시장의 유명한 한 마디 "relaxing cup of café con leche en Plaza Mayor"(릴렉싱 컵 오브 까페 꼰 레체 엔 플라사 마요르, "마요르 광장에서 카페라테 한잔하면서 쉬기"라는 뜻으로 연설 중에 영어와 스페인어를 섞어 쓰는 실수를 했다-옮긴이) 때문에 이 도시가 올림픽을 치르기에는 부족한 장소라고 생각할지도 모르겠다.

우리는 외국인 억양을 가진 사람과 상호 작용할 때 원어민과 대화할 때와는 다른 방식으로 언어를 처리한다. 어쨌든 이해하기 쉬운 명료성의 문제와 관련해 말의 세부 사항에는 덜 관심을 기울이고 의사소통 맥락을 더 신경 쓴다. 이 사람이 하는 말 자체가 중요한 게 아니라, 실제로 말하고자 하는 내용을 중요하게 여긴다. 따라서 우리는 대화에서 원어민이 사용하는 정확한 단어들을 훨씬 더 잘 기억한다. 우리(영어를 외국어로 사용하는 사람)가 영어로 말할 때, 우리가 말하는 내용을 그들이 정확히 기억할 거로 기대하지는 마라. 나 같은 사람에게는 영어로 하는 강연 소식이 그렇게 기쁘지만은 않다. 그들은 내가 하는 말을 잘 기억하지 못할 것이고, 그렇다면 내용도 별로 믿어지지 않을 것이기 때문이다. 물론 이것이 다소 과장된 결론이라는 점은 인정한다.

이 결과는 다른 요인과 마찬가지로 언어가 얼마나 강력한 사회적 범주화 요인인지를 보여준다. 이런 사실을 인식하고 이런 편견이 어떻게 작용하는지 이해한다면 개인과 사회 집단의 편견과 부당한 차별을 줄이는 데 도움이 된다. 아마도 그래서 우리 할아버지, 할머니께서 말을 고쳐주시며 "얘야, 똑바로 말하렴, 제발!"이라고 하신 것 같다.

이번 장에서는 외국어의 사용과 화용론, 감정, 의사 결정 및 사회적 범주화 사이의 관계를 검토했다. 우리는 사회적 상황에서 외국어 사용법을 배우는 것이 얼마나 어려운지를 살펴보았다. 유머와 비속어 표현의 사용으로 이러한 어려움을 예증했다. 이것 때문에 외국어 단어와 표현이 모국어보다 덜 강렬한 감정 반응을 일으키는 것처럼 보인다는 연구도 살펴보았다. 또한, 이런 정서적 반응과 경제적, 도덕적 의사 결정의 관계도 살펴보았다. 마지막으로 사람들을 사회집단으로 묶을 때 언어가 가지는 힘도 분석했다.

이 모든 정보는 만델라가 상대방의 모국어로 대화를 나누면 그 메시지가 가슴에 전해지고, 외국어로 대화를 나누면 머리에 도달한다고 주장한 말이 일리 있음을 말해준다. 또한 공리주의적 사고의 아버지 중 한 명인 제러미 벤담의 "일관성은 인간의 가장 보편적 특성 중 하나다"라는 말에도 함께 고개를 끄덕여주길 바란다.

이만 여행을 마칠 시간이 되었다. 하나의 뇌 속에 어떻게 두 언어가 공존하는지, 그리고 거기 따른 인지적, 신경학적, 사회적 영향에 관한 연구 및 이와 관련된 흥미진진한 세계가 독자에게 잘 전달되었길 바란다. 무엇보다도 이 일에 관심을 갖고 계속 참여해보기를 바란다. 공자가 "들은 것은 잊어버리고, 본 것은 기억하고, 직접 해본 것은 이해한다"라고 한 말이 일리가 있음을 알게 될 것이다.

감사의 말

이 책에서 얻게 될 많은 정보는 20여 년간 많은 동료 및 학생들의 협업을 통해 나왔다. 이런 협력이 없었다면, 책을 쓸 만한 분야라는 비전을 가질 수 없었을 것이다. 협업은 오늘날의 과학 탐구에서 피할 수 없는 경험이고, 친구들과 협업을 한다면 그보다 좋은 일은 없다. 설령 내가 여기에 이름을 다 언급하지는 않더라도, 누구를 말하는지는 이미 알고 있을 것이다.

나에게는 과학 훈련의 스승이라고 할 수 있는 세 친구 누리아 세바스티안, 자크 멜러, 알폰소 카라마차가 있다. 이들은 내게 비평가의 마음을 전해주었고, 인간의 정신 활동에 대한 호기심을 불러일으켰다. 분명 그들은 내 생각에 가장 많은 영향을 끼친 사람들이다. 단언컨대 그들은 나를 성장시켰다. 내가 받은 모든 것을 돌려줄 수 있길 바란다. 진심으로 감사를 전한다.

교수가 되려는 사람은 "나는 모른다"와 "내가 실수했다"라는 두 문장은 잊어버리고 적어도 학생들 앞에서는 절대 이 말을 반복하지 않게 되는 알약을 먹게 된다고들 한다. 이것은 학생들과 새로운 아이디어를 나누고 프로젝트를 토론하다 보면 쉽게 치료할 수 있는 문제라고 생각한다. 나의 감독 아래 박사 학위를 마친 미켈 산테스테반, 에두아르도 나바레테, 메레이아 에르난데스, 이바 이바노바, 크리스티나 바우스, 아그네스 카뇨, 크리스토프 스트라이커, 하스민 사다트, 엘린 룬시크트, 사라 로드리게스, 미겔 바레다, 프란세스카 브란시, 알레한드라 이바녜스, 카를로스 로메로, 가브리엘레 카타네오, 엘리사 루이스, 호아나 코레이, 마르크 루이스 비베스의 헌신과 관대함, 노력, 인내심 없이는 책에 반영한 내용 대부분을 배우지 못했을 것이다. 이들은 모두 각자의 방식으로 이 책에 도움을 주었다. 스페인의 시인 플라이 루이스 데 레온의 말처럼 이 일은 "가르치고 배우는 일이 하나가 되는 참 아름답고 합리적인 직업"이다. 모두에게 정말 고맙고 행운이 함께하길 바란다. 여러분은 모두 나의 자랑이다.

또한 이 글을 고쳐주고 참고할 말을 달아주며 열심히 읽는 데 기꺼이 시간을 내준 동료들과 친구들이 있어 행운이었다. 크리스티나 바우스, 마르고 칼라브리아, 세사르 아빌라, 추카 보나티, 세바스티안, 아수세나 가르시아-파라시오스, 혼 안도니 두냐베이티아, 미겔 부르가레타, 미레이아 에르난데스, 에바 모레노, 마누엘라 루졸리, 미켈 산테스테반, 마리오나 코스타, 후안 마누엘 토로, 호르세 바라, 아나 산후안, 토마스 바크, 멜리나 아파리시, 아우렐리오 루이스, 루카 보나티, 에스테파니아 가르시아에게 정말 감사하다. 이들의 도움이 없었더라면 정말 큰일 날

뻔했다. 여러분의 교정과 조언은 실수와 부정확한 내용을 피할 수 있는 기초가 되었다. 그러고도 틀린 내용이 남아 있다면 그것은 내 탓이다.

지난 20년 동안 미국과 스페인, 이탈리아의 여러 실험실에서 일하는 행운을 얻었다. 그곳의 모든 분들이 연구뿐만 아니라 개인적인 면에서 많은 도움을 주었다. 그러나 특히 지난 8년 동안 함께했던 두 곳의 연구소, 카탈루냐 고등학술 연구소와 폼페우 파브라대학교에 특별한 감사를 전하고 싶다. 현재 내가 연구하는 중심지인 '뇌 및 인지센터'(Brain and Cognition Center) 창립에 관여한 모든 분에게도 감사를 드린다. 이곳은 최첨단 연구를 할 수 있는 최적의 장소이다. 구스타보 데코, 누리아 세바스티안, 후안 마누엘 토로, 살바도르 소토, 루카 보나티, 루벤 모레노를 비롯해, 기술 및 행정적으로 도와주는 사비에르 마요랄, 크리스티나 쿠아드라도, 실비아 브란치, 플로렌시아 나바, 이레네 산후안, 파멜라 미예르에게도 감사하다.

이 책을 출판하는 과정에서 눈앞이 깜깜한 순간도 있었고, 이런 상황에서 친구들에게 도움을 청하기도 했다. 즉시 도움을 준 데바테 출판사와 이 연결에 힘써준 마리노 시그만에게 감사한다. 또한, 늘 철저하게 준비해준 마리아노와 이 프로젝트에 신뢰와 열정을 보여준 미겔 아길라르에게도 감사한다.

또한, 평범하지는 않지만 공정한 일이기에 기부해주신 분께도 감사드린다. 하나의 뇌에서 두 언어가 어떻게 공존하는지에 관해 우리가 아는 내용 대부분은 공공 보조금을 받은 연구에서 비롯된 것이므로 우리 모두의 주머니에서 나온 것이나 다름없다. 특히 어려운 시기에 연구원들을 믿어주셔서 감사하다. 또한, 여기에 제시된 연구는 연구에 협력하기 위해 자원한 수천 명이 실험에 참여하지 않고는 불가능했다. 아기부터 노인까지 모든 연령대에서 뇌가 어떻게 작동하는지 더 잘 이해할 수 있도록 도움을 주는 데 기꺼이 시간을 내주었다.

이제 오랜 시간 동안 나를 도와준 가족과 친구들에게 감사를 전해야 할 것 같다. 이 책을 쓰면서 결과에 대한 의문과 불안을 솔직히 나누면서 무거운 짐을 안긴 것도 사실이다. 나의 투정을 잘 들어주어 정말 고맙다. 특히 인내와 긍정적인 태도로 이 모든 여행을 직접 경험한 당신에게 감사한다. 메르시(Merci: 프랑스어로 '감사'-옮긴이) 파니.

• A판

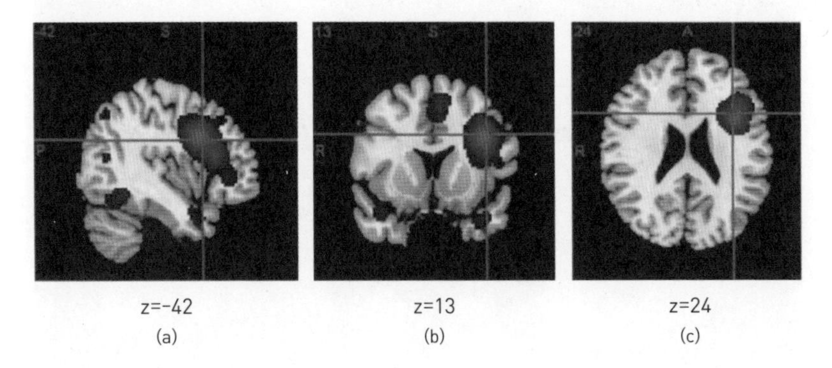

• B판

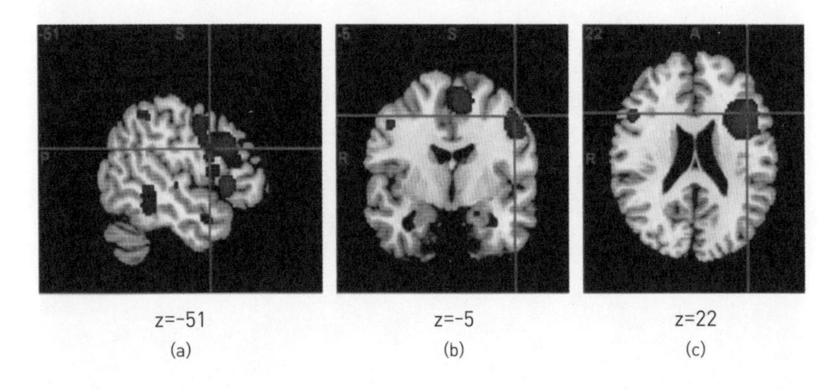

이미지 1

A, B판에서는 상대적으로 숙련도가 높은 이중언어자(A)와 낮은 이중언어자(B)를 위한 메타 분석 결과를 볼 수 있다. 여기서 각 뇌 이미지의 오른쪽 부분은 좌뇌에 해당된다.

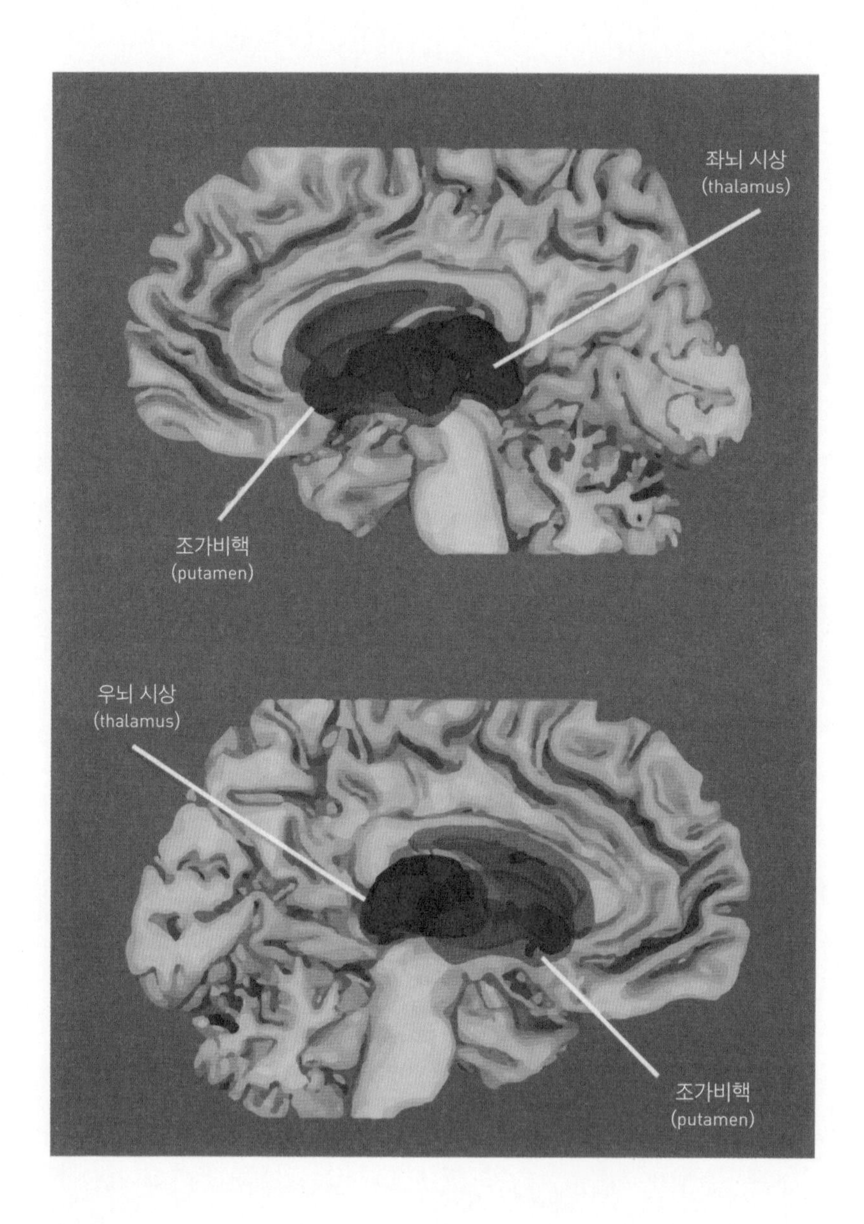

이미지 2

시상 단면에서 기저핵과 시상에 해당하는 구조에서 빨간색 표시가 나타나는데, 이중언어자의 뇌는 단일언어자의 뇌와 비교해서 파란색 부분이 더 넓게 나타난다.

• 뇌 활동 사진

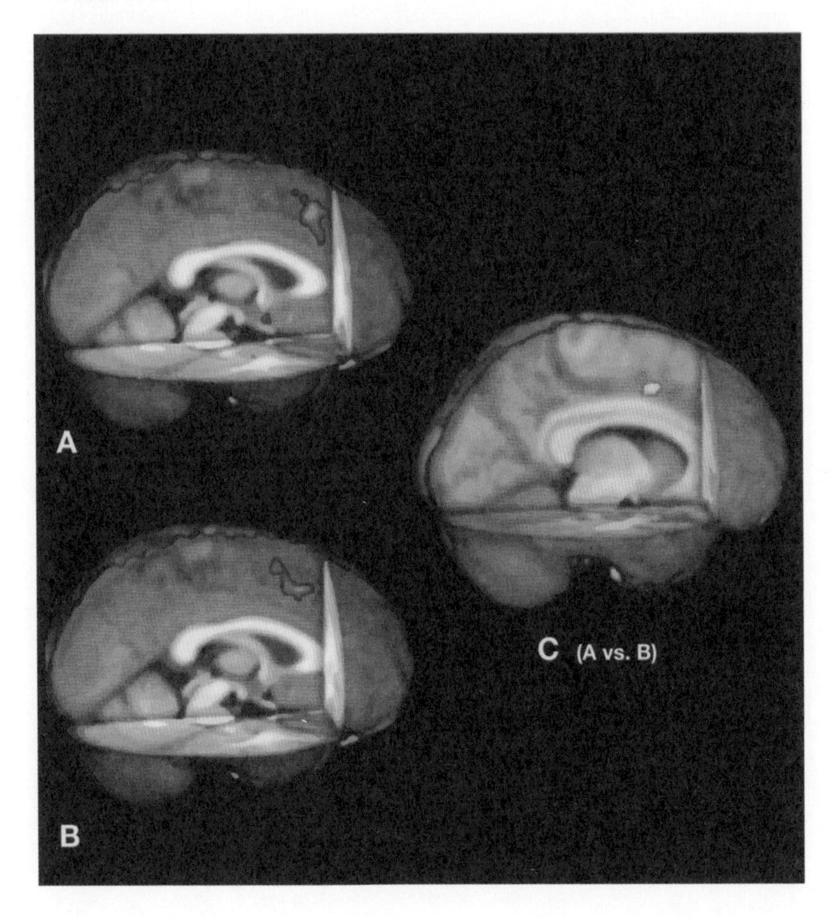

이미지 3

수반 자극 과제에서 이중언어자와 단일언어자 간의 신경 기능적 차이를 보여준다. A와 B판은 이중언어자와 단일언어자가 갈등을 해결하는 동안 전방 대상피질이 어떻게 활성화되는지를 각각 보여준다. 초단위 활성화는 단일언어자가 이중언어자보다 더 크게 나타난다. C판에서는 단일언어자와 이중언어자에게 나타나는 활성화 차이를 보여준다.

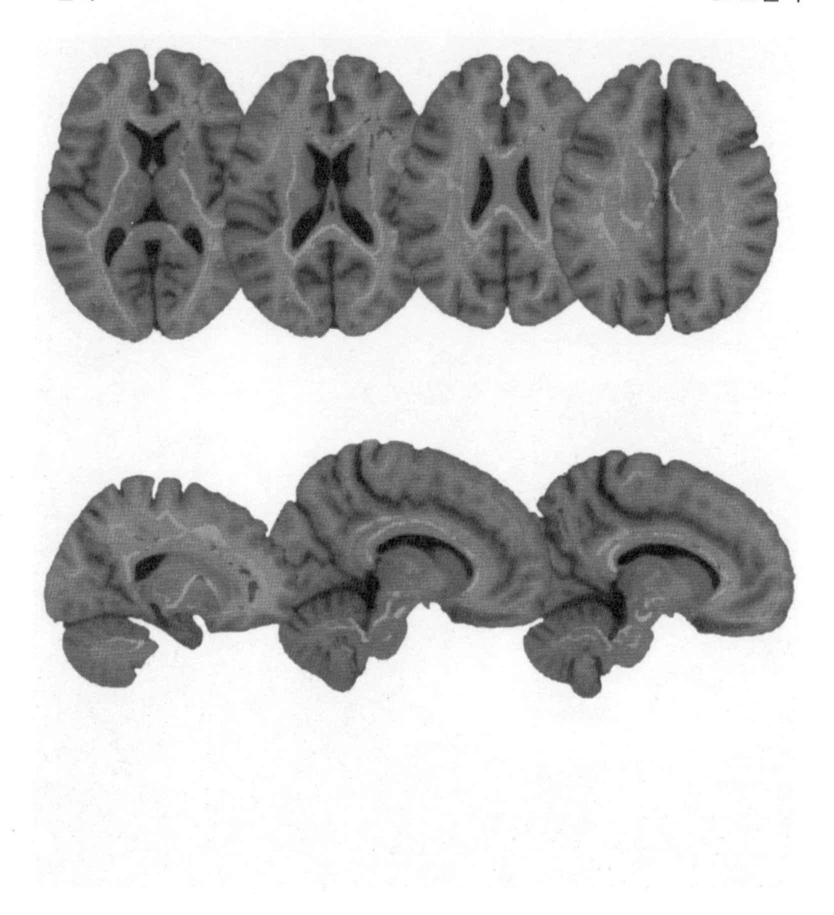

이미지 4

이중언어자와 단일언어자 간의 차이점은 분획성 이방성(fractional anisotropy: 뇌에서 정보를 전달하는 영역인 백색질의 경로-옮긴이)에 있다. 이는 백색질의 보전(integrity)을 측정한 것이다. 빨간색으로 표시된 부분은 이중언어와 단일언어 사용 그룹 간의 차이에 해당된다. 이 부위는 뇌량에 위치하고 상위측 신경다발(fascicle)과 하위 전면 후두골 신경다발 쪽으로 확장된다.

참고 문헌

- 뇌는 윤리적인가(바다출판사, 2015)
- 느끼는 뇌(학지사, 2006)
- 생각에 관한 생각(김영사, 2018 [2판])
- 신이 절대로 답할 수 없는 몇 가지(시공사, 2013)
- Alexakis, Vassilis, *Foreign Words*, Bloomington, IN: Autumn Hill, 2006.
- Armon-Lotem, Sharon; de Jong, Jan; Meir, Natalia, eds, *Assessing Multilingual Children. Disentangling Bilingualism from Language Impairment*, Bristol: Multilingual Matters, 2015.
- Baus, Cristina; Costa, Albert, *Second Language Processing*, New Jersey: Wiley-Blackwell, 2016.
- Blakemore, Sarah-Jayne and Frith, Uta, *The Learning Brain: Lessons for Education*, Maldon, MA, and Oxford: Wiley-Blackwelll, 2005.
- Grant, Angela; Dennis, Nancy A.; Li, Ping, 《Cognitive control, cognitive reserve, and memory in the aging bilingual brain》, *Frontiers in Psychology*, no.5, 2014, p .1401.
- Grosjean, F.; Li, P., eds., *The Psycholinguistics of Bilingualism*, Oxford: Wiley-Blackwell, 2012
- Guasti, Maria Teresa, *Language Acquisition. The Growth of Grammar*, Cambridge: MIT Press, 2004.
- Gullberg, Marianne; Indefrey, Peter, eds., *The Cognitive Neuroscience of Second*

Language, New Jersey: Wiley-Blackwell, 2006.

- Hernández, Arturo E , *The Bilingual Brain*, Oxford, Oxford University Press, 2013.
- Hogarth, Robin M., *Educating Intuition*, Chicago: The University of Chicago Press Books, 2001
- Karmiloff, K.; Karmiloff-Smith, A., *Pathways to Language*, Cambridge MA: Harvard University Press, 2001.
- Kemmerer, D., *Cognitive Neuroscience of Language*, London: Psychology Press, 2015.
- Pavlenko, Aneta, *The Bilingual Mind and What it Tells Us about Language and Thought*, Cambridge: Cambridge University Press, 2014.
- Pinker, Steven, *The Stuff of Thought: Language as a Window into Human Nature*, New York, NY: Penguin, 2007.
- Schwieter, John W., ed., *The Cambridge Handbook of Bilingual Processing*, Cambridge: Cambridge University Press, 2015.
- Tucker, A. M.; Stern, Y., 《Cognitive reserve and the Aging Brain》, in A. K. Nair and M. N. Sabbagh, eds., *Geriatric Neurology*, Chichester: John Wiley & Sons, 2014.
- Costa, Albert; Hernández, Mireia; Baus, Cristina, 《El cerebro bilingüe》, *Mente y cerebro*, no.71, marzo-abril de 2015, pp.34-41.
- Cuetos Vega, Fernando, *Neurociencia del lenguaje. Bases neurológicas e implicaciones clínicas*, Madrid: Editorial Médica Panamericana, 2011.
- Pons, F.; Albareda-Castellot, B.; Sebastián-Gallés, N., 《La percepción del habla en el bebé bilingüe》, en Ch Abelló Contesse; Ch Ehlers; Quintana Hernández, eds, *Escenarios bilingües. El contacto de lenguas en el individuo y la sociedad*, Berna, Peter Lang Publishing Co., 2010, pp.155-170.
- Serra, M.; Serrat, E.; Solé, M.; Bel, A.; Aparici, M., *La adquisición del lenguaje*, Barcelona, Ariel, 2000.

이미지 출처

그래프 1 A. Costa, M. Calabria, P. Marne, M. Hernández, M. Juncadella, J. Gascón-Bayarri, A. Lleó, J. Ortiz-Gil, L. Ugas, R. Blesa and R. reñé, 《On the parallel deterioration of lexico-semantic processes in the bilinguals' two languages. Evidence from Alzheimer's disease》, *Neuropsychologia*, vol. 50, 5, 2012, pp. 740-753. © 2012, Elsevier Ltd. All rights reserved.

그래프 2 A. Costa and I. Ivanova, 《Does bilingualism hamper lexical access in speech production? 》, *Acta Psychologica*, vol. 127, 2, 2008, pp. 277-288. © 2007, Elsevier B. V. All rights reserved.

그래프 4 E. Bialystok, G. Luk, K. Peets and S. Yang, 《Receptive vocabulary differences in monolingual and bilingual children》, *Bilingualism: Language and Cognition*, 13 (4), 2010, pp. 525-531. © Cambridge University Press, 2009

그래프 5 A. Costa, M. Hernández and N. Sebastián-Gallés, 《Bilingualism aids conflict resolution Evidence from the ANT task》, *Cognition*, vol. 106, 1, 2008, pp. 59-86. © 2007, published for Elsevier B. V.

그림 5 J. Abutalebi and D. Green, 《Bilingual language production. The neurocognition of language representation and control》, *Journal of Neurolinguistics*, vol. 20, 3, 2007, pp. 242-275. © 2006, Elsevier Ltd. All rights reserved.

그림 6 Samantha P. Fan, Zoe. Liberman, Boaz Keysar and Katherine D. Kinzler, 《The Exposure Advantage. Early Exposure to a Multilingual Environment Promotes Effective Communication》, *Psychological Science*, vol. 26, 7, 2015, pp. 1090-1097.

© 2015, SAGE Publications.

이미지 1 R. Sebastian, A. Laird and S. Kiran, 《Meta-analysis of the neural representation of first language and second language》, *Applied Psycholinguistics*, vol. 32, 4, 2011, pp. 799-819. © 2011, Cambridge University Press. All rights reserved.

이미지 2 M. Burgaleta, A. Sanjuán, N. Ventura-Campos, N. Sebastián-Gallés and C. Ávila, 《Bilingualism at the core of the brain. Structural differences between bilinguals and monolinguals revealed by subcortical shape analysis》, *NeuroImage*, vol. 125, 2016, pp. 437-445. © 2015, Elsevier Inc. All rights reserved.

이미지 3 Jubin Abutalebi, Pasquale Anthony Della Rosa, David W. Green, Mireia Hernández, Paola Scifo, Roland Keim, Stefano F. Cappa and Albert Costa, 《Bilingualism Tunes the Anterior Cingulate Cortex for Conflict Monitoring》, *Cereb Cortex*, 22 (9), 2012, pp. 2076-2086. © 2011, Oxford University Press.

이미지 4 Gigi Luk, Ellen Bialystok, Fergus I. M. Craik and Cheryl Grady, 《Lifelong Bilingualism Maintains White Matter Integrity in Older Adults》, *Journal of Neuroscience*, 31 (46), 2011, pp. 16808-16813. © 2017, Society for Neuroscience.